たのしい 電子工作

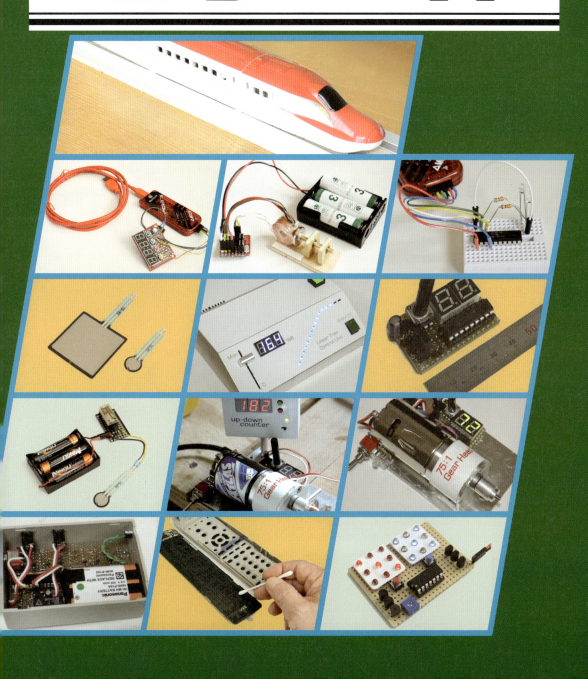

Color Index

第1章　電子サイコロ

14ピンのワンチップマイコン(PIC)、「PIC16F676」を使って、2つのサイコロを振ることができる「電子サイコロ」を作ります。

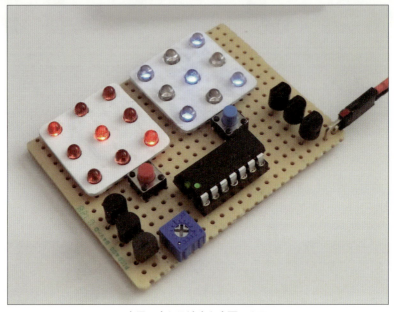

出目の変わる速度を変更できる

「PIC16F676」は「下駄」(「8ピン」のICソケット)を履かせて取り付ける

電子サイコロ（第1章）

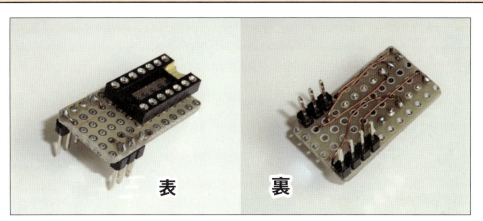

マイコンをソケットにフル装着できる「アダプタ」を作る

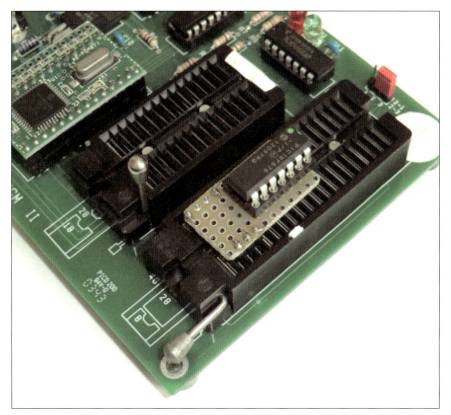

「アダプタ」を使って、マイコンを簡単にセット

Color Index

| 第2章 | キッチン・タイマー |

暗いところでも視認性に優れた「7セグLED」を使って、実用的な「キッチン・タイマー」を作ります。

遠くからでもよく見える「キッチン・タイマー」

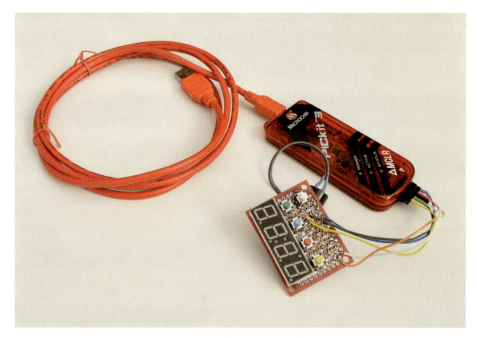

フラッシュマイコン書き込みツール「PICkit3」

キッチン・タイマー(第2章)

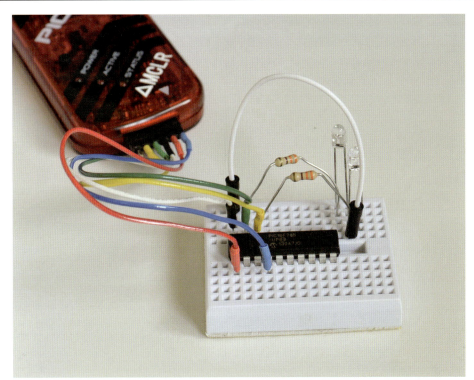

プログラムを書き込むための回路実験

本体裏には「ネオジム磁石」を取り付けて、壁に吸着できるようにしている

第3章　チェアクッション・タイマー

　イスに座ると時間のカウントが始まり、指定の時間が経過するとアラームが鳴る、「チェアクッション・タイマー」を作ります。

座るとカウントダウンが始まるタイマー

イスの裏側に設置

チェアクッション・タイマー(第3章)

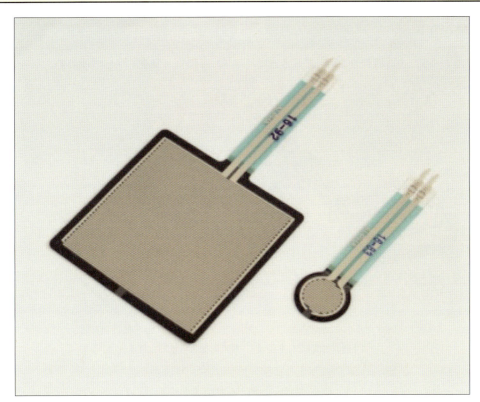

イスに座ったことを感知する「感圧センサ」

「チェアクッション」に「感圧センサ」を貼り付け

Color Index

第4章　雨降り警報器

雨を検知して「音声合成音」で知らせてくれる、「雨降り警報器」を作ります。

「音声合成LSI」を使って、声で雨を知らせてくれる

水滴を感知する「感雨センサ・モジュール」

「感雨センサ・モジュール」の基板は、4ピンの「ピン・ヘッダ」を外して使う

「感雨センサ・モジュール」をメイン基板に実装

Color Index

第5章　　音声時計

「就寝時に目を閉じたまま時間を知りたい」といった場合などに使える、音声で時刻を知らせる「音声時計」を作ります。

「トランジション」の一例

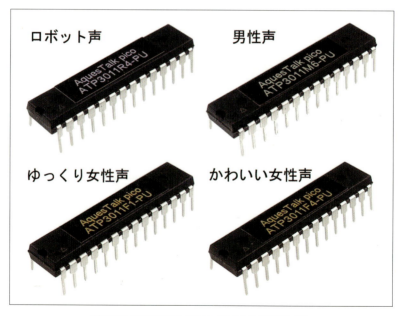

利用する「音声合成LSI」は、好きな声質を選べる

音声時計（第5章）

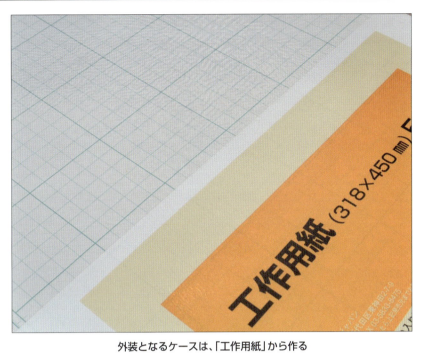

外装となるケースは、「工作用紙」から作る

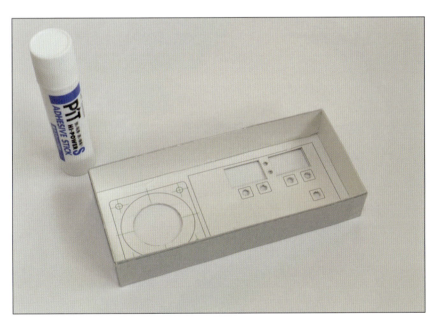

CADで作った「型紙」を貼りつけて作る

Color Index

| 第6章 | 「リモコン」を修理してみよう |

反応が悪くなった「リモコン」を、「銅箔粘着テープ」を用いて修理に挑戦！

銅箔粘着テープ

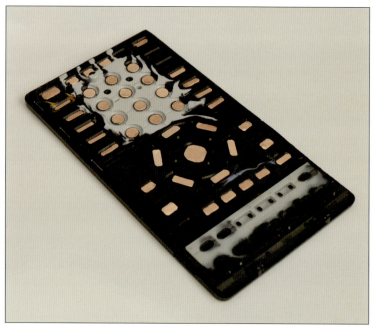

「銅箔粘着テープ」をボタンの部分に貼った状態

第7章 プログラマブル・タイマー

　時間を設定して、電源のONとOFFを制御できる「プログラマブル・タイマー」を作ります。

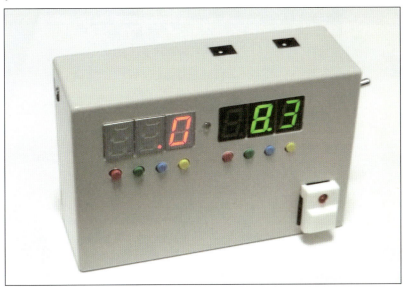

タイマーは秒単位で設定が可能

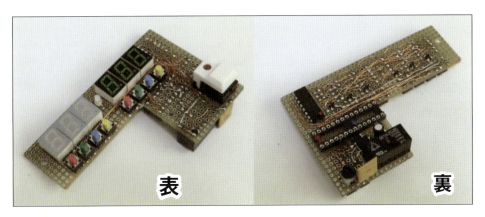

「両面ユニバーサル基板」を使って、部品を実装していく

Color Index

市販の「プラスチックケース」を加工して、基板を実装

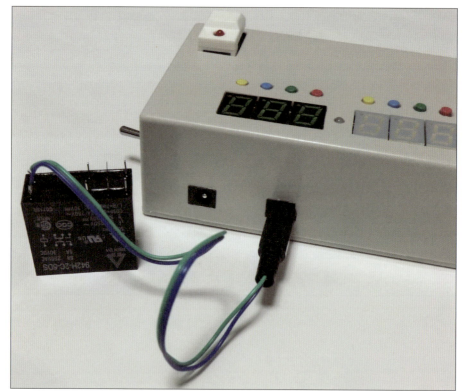

「AC100V」の機器を扱う際は、「5Vのパワーリレー」を接続

| 第8章 | デジタル電圧計 |

「7セグメントLED」による数値表示と、電圧の大きさをLEDの光で表現する「バー・グラフ」を搭載した、「デジタル電圧計」を作ります。

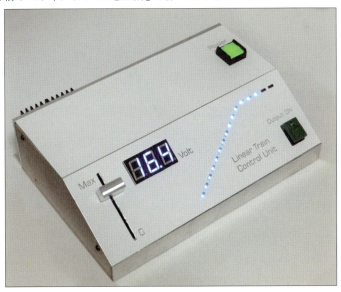

数値と光で、電圧の大きさを確認できる

| 第9章 | マイコンで「ラジコンサーボ」を制御 |

「サーボ」をマイコンで制御してみます。

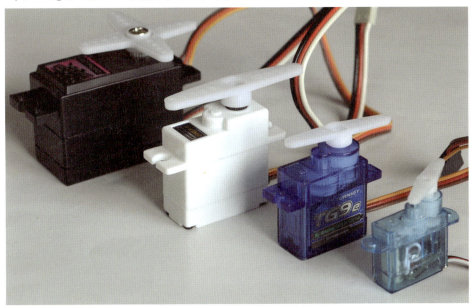

さまざまな「サーボ」

Color Index

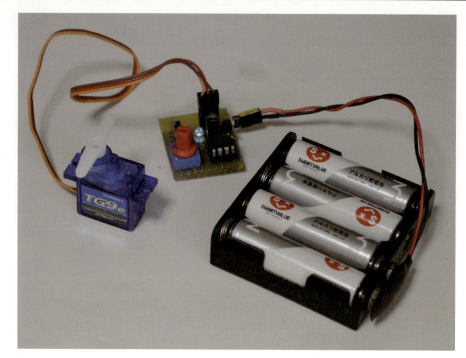

「DIPロータリースイッチ」を使って、「サーボ」の回転角度を調整

DIPロータリースイッチ

第10章 「モータ回転数」コントロール基板

　「モータの回転数」を数値から設定できる仕組みを、簡単な回路で安価に実現してみます。

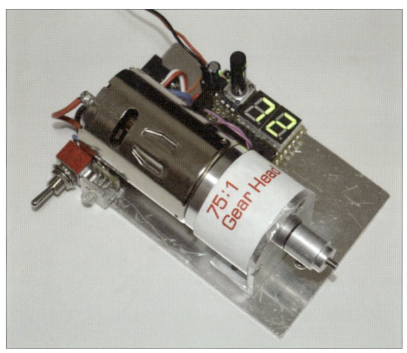

モータ回転数コントロール基板

「SOPタイプ」のマイコンと、「チップ・タイプ」のトランジスタや抵抗を使った、コンパクトな回路

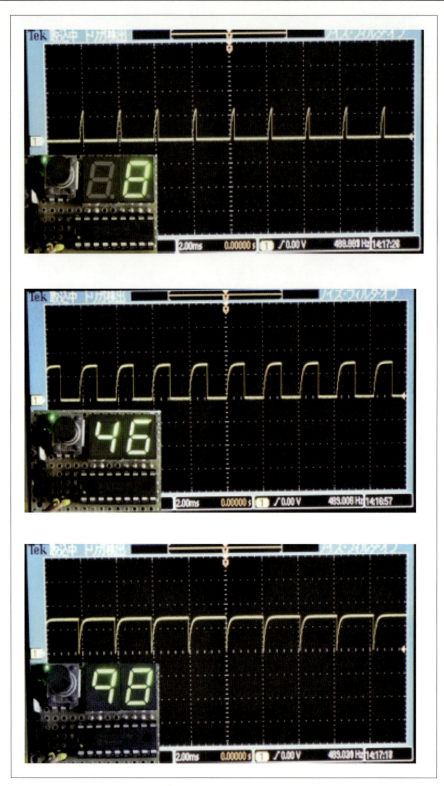

「PWM」による、モータ回転数のコントロール

ブラシレス・モータ(第11章)

| 第11章 | ブラシレス・モータ |

手軽に作れて長寿命な、「ブラシレス・モータ」を作ります。

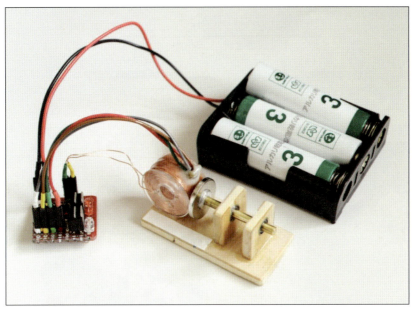

「ブラシレス・モータ」の完成品

市販の「ブラシレス・モータ」の分解写真

Color Index

| 附録 | **MC型リニアモータカー** |

軌道上に「磁石」を並べる方式の「リニアモータカー」の製作の過程を紹介。

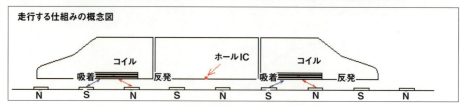

「MC型リニアモータカー」の仕組み

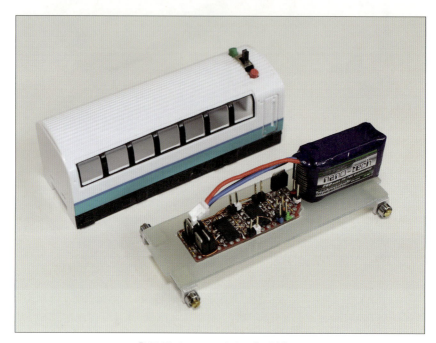

「MC型リニアモータカー」の試作品

はじめに

「自分で何かを作る」ということは、脳には、たいへんいい刺激になります。
小学生であれば、「創造力」や「問題解決能力」を伸ばします。
また、高齢者であれば、老化を遅らせたり、達成感による生きる活力を増進します。

そして、「電子工作」も何かを作る方法のひとつです。
「電子部品」や「マイコン」を組み合わせて便利なものを創造でき、ちょっとしたアイデアで、その可能性は無限に広がっています。
それは、メーカーが作るような難しいものではないかもしれません。しかし、「こんなものが欲しかった」というものが、きっとあるはずです。
もちろん、最初から新しいものを作り出すことは難しいでしょう。ですから、最初は人真似であっても、とにかく作ってみることです。いつかは、「自分オリジナル電子作品」が作れるようになります。

*

本書は、これまで「月刊I/O」で作ってきた、数々の電子工作を集めて、1冊にまとめたものです。

どれも、「こんなものがあったら、便利で面白いかも…」と考えて作り出した、オリジナルの作品です。少ない予算で、比較的簡単に作ることができるものも多いので、好きなものから手掛けてみてください。
作っているうちに、面白い発見も出てきますし、「自分なら、こんなものも作ってみたいなー」というオリジナルの発想も産まれるかもしれません。
そのときは、ぜひ自分の力で、電子回路の設計やマイコンのプログラムを手掛けてみてください。

*

なお、「マイコン」を使うものについては、そのプログラムを掲載していますが、使っているプログラム言語は「C言語」です。
使っているコンパイラは、「CCS-C」(Custom Computer Services社のコンパイラ)です。その部分について学びたいときは、他の書籍を参考にしていただければと思います。

この本が、読者の方々の電子工作の参考になれば幸いです。

神田　民太郎

たのしい電子工作

CONTENTS

- Color Index ……………………………………………………………………………… 2
- はじめに ………………………………………………………………………………… 21
- 「サンプル・ファイル」のダウンロード ……………………………………………… 24

第1章　電子サイコロ
- よく使うPIC ………………………………………………………… 25
- 「PIC16F676」を使う際の注意点 ………………………………… 25
- 「PIC16F676」のピン配置 ………………………………………… 28
- 回路図と部品表 …………………………………………………… 29
- プログラム ………………………………………………………… 31
- 使い方 ……………………………………………………………… 34

第2章　キッチン・タイマー
- 製作コスト ………………………………………………………… 35
- 「PIC16F785マイコン」の特徴 …………………………………… 35
- 「PICkit3」を使ったプログラムの書き込み …………………… 37
- 「キッチン・タイマー」の回路 …………………………………… 41
- 「キッチン・タイマー」のプログラム …………………………… 43
- 「MPLAB」における「PICkit3」の使い方 ……………………… 45
- 「キッチン・タイマー」の使い方 ………………………………… 47

第3章　チェアクッション・タイマー
- 「チェアクッション・タイマー」とは …………………………… 49
- 「チェアクッション・タイマー」の仕組み ……………………… 50
- 「チェアクッション・タイマー」の回路図 ……………………… 52
- 「チェアクッション・タイマー」のプログラム ………………… 54
- 「チェアクッション」と「感圧センサ」 …………………………… 57
- バッテリ …………………………………………………………… 58
- 使い方 ……………………………………………………………… 59

第4章　雨降り警報器
- 感雨センサ・モジュール ………………………………………… 60
- 音声合成LSI ……………………………………………………… 61
- 「SPI通信」とは …………………………………………………… 61
- 回路図と部品表 …………………………………………………… 65
- 「MPLAB X」における「PICkit3」の使い方 …………………… 67
- ソースファイルの作成準備 ……………………………………… 73
- プログラム ………………………………………………………… 75
- コンパイル ………………………………………………………… 76
- 「雨降り警報器」の使い方と、「発声文字列」の設定 …………… 81

第5章　音声時計
- 「音声時計」とは …………………………………………………… 82
- 回路図と部品表 …………………………………………………… 84
- プログラム ………………………………………………………… 85
- 「C言語」における、「文字列」の扱い方 ………………………… 89
- ケースの製作 ……………………………………………………… 91
- 使い方 ……………………………………………………………… 94

CONTENTS

第6章　「リモコン」を修理してみよう

- 「リモコン」の重要性……………………………………………95
- 経年とともに「リモコン」の反応が悪くなる理由……………95
- ゴムに貼る「金属」と、その方法………………………………96
- 修理する……………………………………………………………97
- 修理後に使ってみる……………………………………………100

第7章　プログラマブル・タイマー

- 「プログラマブル・タイマー」の特徴…………………………101
- 回路図と部品表…………………………………………………102
- 基板寸法…………………………………………………………104
- 部品の実装………………………………………………………104
- 利用する「バッテリ」……………………………………………105
- ケースの加工……………………………………………………105
- プログラム………………………………………………………106
- 使い方……………………………………………………………109
- 「AC100V機器」のON/OFF……………………………………111

第8章　デジタル電圧計

- 「デジタル電圧計」の概要………………………………………112
- 回路の仕組み……………………………………………………113
- 回路図と部品表…………………………………………………114
- プログラム………………………………………………………116
- 完成後の調整……………………………………………………118

第9章　マイコンで「ラジコンサーボ」を制御

- 「サーボ」とは……………………………………………………119
- 「サーボ」をコントロールするための信号……………………120
- 「サーボ」を動かす、簡単な基本回路…………………………121
- マイコンのプログラム…………………………………………124
- 使い方……………………………………………………………124
- 「サーボ」を応用する……………………………………………125

第10章　「モータ回転数」コントロール基板

- 製作する回路の特徴……………………………………………126
- モータの回転数を「VR」だけを使ってコントロールできるか………126
- 「モータ」の回転数を、現実的な方法でコントロールするには…128
- マイコンに「PIC」を使う理由…………………………………129
- 回路図と部品表…………………………………………………131
- 制御プログラム…………………………………………………133
- 使い方……………………………………………………………135

第11章　ブラシレス・モータ

- 製作コスト………………………………………………………136
- 「ブラシ・モータ」と「ブラシレス・モータ」の違い…………136
- 単相「ブラシレス・モータ」を作る……………………………139
- 「ロータ」の製作…………………………………………………142
- 駆動回路…………………………………………………………144
- 「正転」と「逆転」の切り替え…………………………………145

附録　MC型リニアモータカー

- 「ムービング・マグネット」と「ムービング・コイル」………148
- 車両重量…………………………………………………………151

索引……………………………………………………………………158

「サンプル・ファイル」のダウンロード

　本書で解説している工作の「設計図」と「プログラム」は、工学社のサポートページからダウンロードできます。

＜工学社ホームページ＞

http://www.kohgakusha.co.jp/

ダウンロードしたファイルを解凍するには、下記のパスワードを入力してください。

xrQMwNuJGCkG

すべて「半角」で、「大文字」「小文字」を間違えないように入力してください。

●各製品名は、一般的に各社の登録商標または商標ですが、®およびTMは省略しています。

第1章 電子サイコロ

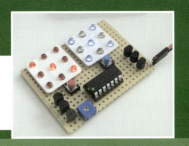

「PICマイコン」は、そのラインナップの豊富さから、多くのユーザーを獲得しています。
　ここでは、その中の「PIC16F676」というものを使って、回転のスピードを変えられる、2桁の「電子サイコロ」を作ってみましょう。

■ よく使うPIC

　PICに豊富なラインナップがあるとは言っても、何十種類もあるチップを手当たり次第に使うのではなく、いつも使うものはだいたい決まってくるものです。

　私の場合は、8ピンならば「12F675」「12F629」、18ピンならば「16F819」「16F628」「18F1220」、28ピンならば「16F873A」「18F2420」、40ピンならば「16F877A」「18F4520」などをよく使います。

＊

　この他に、「14ピン」のPICもあります。
　「PIC16F676」というチップですが、「DIPタイプ」と「SOPタイプ」があり、価格もかなり安価です。
　また、「A/Dコンバータ」も付いているので、用途によっては、手ごろに使えそうです。

■ 「PIC16F676」を使う際の注意点

　購入して、さっそく「C言語」の簡単なプログラムを書いてコンパイルし、秋月電子通商の「PICライター」で書き込もうとすると、次のような画面になりました。

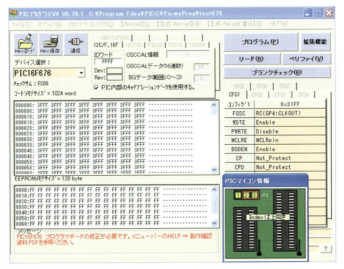

秋月電子通商の「PICライター」

第1章　電子サイコロ

　何やら、メッセージに「ボードの修正が必要」であると書かれています。
　ヘルプ画面で調べてみると、40ピン・ソケットの「36番ピン」の「グランド」への接続をパターンカットして、その部分と「グランド」の間に「1MΩ」の抵抗を入れる、とあります。

　また、「PICマイコン情報」に示されるはずの「チップの実装位置」も示されていません。
　これも調べてみると、40ピン・ソケットの下の部分に、「8ピンのマイコン」(「12F675」など)と同様にセットするということでした。

　しかし、14ピンの「PIC16F676」では、次の画像のように、直接セットすることはできません。

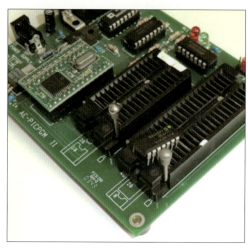

直接はセットできない

　これを解決するには、「8ピン」のICソケットを「PIC16F676」の切り欠きのある側、左右4ピンの部分に挿して、「下駄」を履かせればセットできます。

下駄を履かせてセット

「PIC16F676」を使う際の注意点

*

この状態で実際にプログラムを書き込んでみたところ、問題はありませんでした。

ただ、これでは少々マイコンをセットしづらいので、次のような「アダプタ」を作ってみました。

これなら、マイコンをソケットにフル装着できるので安心感があります。

製作した「アダプタ」

「アダプタ」を作るには、次の画像のように、両面基板に「14ピン・ソケット」を付け、さらに基板の裏側に「ピン・ヘッダ」を付けて、必要な配線をするだけです。

配線する必要のある「PIC16F676」のピン番号は、「1、4、12、13、14番」です。

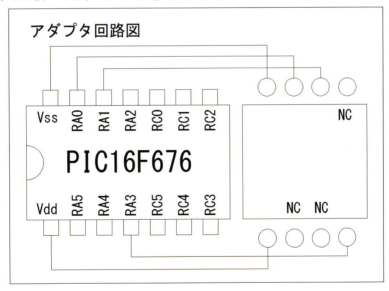

「1,4,12,13,14番」のピンを配線

第1章　電子サイコロ

セットしたところ

■「PIC16F676」のピン配置

「PIC16F676」のピン配置と、「電子サイコロ」におけるポートの使用状況を示します。

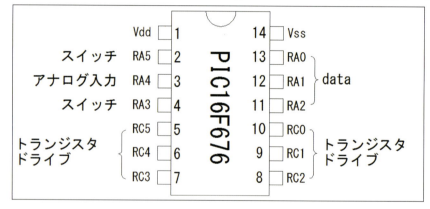

「PIC16F676」のピン配置

　特徴的なのは、「Bポート」の設定がなく、「Aポート」と「Cポート」がそれぞれ6ビットずつ、計12ビットとなっている点です。

　1～4、11～14ピンを見ると、「PIC12F675」などの8ピンのPICと同じピン配置になっていて、それに、さらにC0～C5が追加されています。
　そのため、使用に当たっては、よくピン位置を確認する必要があります。

　また、「RA3(4番)ポート」は入力専用となっているので、このポートには信号を出力できません。

■ 回路図と部品表

「電子サイコロ」の回路図と部品表を示します。

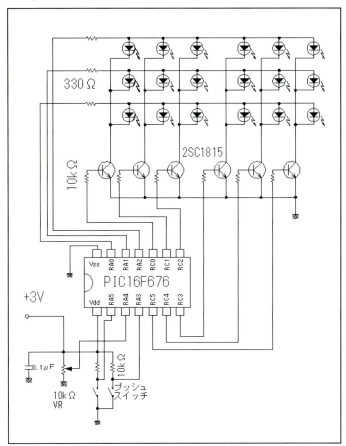

「電子サイコロ」の回路図

「電子サイコロ」の部品表

部品名	型番など	数	単価(円)	金額(円)	購入店
PICマイコン	PIC16F676	1	130	130	秋月電子
NPNトランジスタ	2SC1815	6	5	30	〃
丸ピンICソケット（14ピン）		1	20	1	〃
積層セラミックコンデンサ	0.1μF	1	5	5	〃
φ3赤色LED		9	10	90	〃
φ3青(緑)色LED		9	10	90	〃
1/6W抵抗	10kΩ	8	1	8	(チップ抵抗)
1/6W抵抗	330Ω	3	1	3	(チップ抵抗)
可変抵抗(半固定)	10kΩ	1	40	40	秋月電子
ユニバーサル基板（片面）	72×47mm	1	60	60	〃
プッシュ・スイッチ（赤と青）		2	10	20	〃
電源スイッチ	3Pスライド	1	25	25	〃
			合計金額	500	

第1章　電子サイコロ

電源は「3V」(乾電池2本)でOKです。

「サイコロの表示」(個数)は、1つでは寂しいので、2つにしています。
また、「サイコロの目」は単に表示するのではなく、スクロールするような表現にするために、1個の「サイコロ」につき「9個のLED」を使うことにします。

2つの「サイコロ」に使う「LED」の色は、「赤」と「青」にしていますが、好みで変えて問題ありません。
もちろん、2つとも同じ色でもかまいませんが、別々のものにしたほうが、使い道に幅が広がると思います。

*

回路図から分かるように、表示方式は、複数桁の「7セグメントLED」表示などに使われる、「ダイナミック表示」方式です。

LEDは1個1個が単独なので、「コモン」(共通端子)は「アノード」にも「カソード」にもできますが、今回は、「カソード」を「コモン」にしました。
そのため、トランジスタは「NPN型」を使っています。

2つある「サイコロの目」は、2つの「プッシュ・スイッチ」で独立してスタート/ストップができるようになっています。
また、目の変わるスピード(スクロール・スピード)を、「10kΩのVR(半固定抵抗)」を回すことで、変えることが可能です。

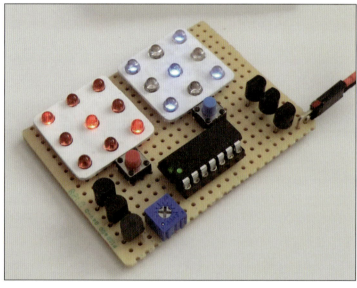

「電子サイコロ」完成品

■ プログラム

プログラムの作成には「CCS-C」を使っていますが、特別な命令は利用していないので、他のCコンパイラでも、多少の変更で動作すると思います。

また、「スクロール・スピード」を「ボリューム」(半固定抵抗)で変えられるようにしているため、「タイマー0割り込み」を使うことでプログラムの記述を簡単にしています。

「A/Dコンバータ」の分解能は、あえて10ビットにする必要もないので、「8ビット」(256段階)にしています。

*

回路が完成したら、まず、次の「テスト・プログラム」を実行して、「LEDがきちんと光るか」と、「ボリュームを回して点灯スピードが変わるか」をチェックしてください。

テスト・プログラム

```c
#include <16F676.h>
#device ADC=10  //アナログ電圧を分解能10bitで読み出す
#fuses INTRC_IO,NOWDT,NOBROWNOUT,PUT,NOMCLR,NOCPD
#use delay (clock=4000000)
void main()
{
  long v,vj;
  byte i,drv,data;
  setup_adc_ports(sAN3);
  setup_adc(ADC_CLOCK_INTERNAL);
  set_tris_a(0x38);
  set_tris_c(0x00);

  while(1){
    data = 7;
    drv=1;
    for(i=0;i<6;i++){
      output_c(drv);
      output_a(i+1);
      set_adc_channel(3);
      //ADCを読み込むピンを指定
      delay_us(30);
      v = read_adc();  //読み込み
      for(vj=0;vj<v;vj++){
        delay_ms(2);
      }
      drv<<=1;
    }
  }
}
```

回路がきちんと作られていれば、このプログラムで、「1」～「6」までの2進数が縦列で順次左から表示されるはずです。

そのようにならない場合は、回路をもう一度チェックしてください。

また、「ボリューム」を回すことで、「ダイナミック表示」の原理も体験できます。

第1章　電子サイコロ

＊

次に、「電子サイコロ」本体のプログラムを示します。

「電子サイコロ」のプログラム

```c
#include <16F676.h>
#fuses INTRC_IO,NOWDT,NOBROWNOUT,PUT,NOMCLR,NOCPD
#use delay (clock=4000000)
long count=0;
int saikoro[6][3]={{0,2,0},{4,0,1},{1,2,4},{5,0,5},{5,2,5},{7,0,7}};
int deme[2]={4,3},bv[2]={1,1};//bv,1のとき電源投入時STOP状態
int scrool[2]={0,0};
#int_timer0 //タイマ0割込み処理
void timer_start(){
  count++;
}
void disp(int* shift)
{
  int i,drv;
  drv=1;
  for(i=0;i<6;i++){
    output_c(drv);
    if(i<3){
      if(bv[0]){
        output_a(saikoro[deme[0]][i]);
      }
      else{
        if(shift[0])
        output_a(saikoro[deme[0]][i]>>scrool[0]);
        else
        output_a(saikoro[deme[0]][i]<<scrool[0]);
      }
    }
    else{
      if(bv[1]){
        output_a(saikoro[deme[1]][i-3]);
      }
      else{
        if(shift[1])
        output_a(saikoro[deme[1]][i-3]>>scrool[1]);
        else
        output_a(saikoro[deme[1]][i-3]<<scrool[1]);
      }
    }
    drv<<=1;
    delay_ms(2);
    output_a(0);output_c(0);
    delay_us(100);
  }
}
void main()
{
  int i,value;
  int shift_sw[2]={0,0};
  //shift_sw=0は左シフト、1は右シフト
  setup_adc_ports(sAN3);
  setup_adc(ADC_CLOCK_INTERNAL);
  set_tris_a(0x38);
  set_tris_c(0x00);

  //割り込み設定
  setup_timer_0(RTCC_INTERNAL | RTCC_DIV_64);
```

```c
  set_timer1(0); //initial set
  enable_interrupts(INT_TIMER0);
  enable_interrupts(GLOBAL);

  while(1){
    set_adc_channel(3);
    //ADCを読み込むピンを指定
    delay_us(30);
    value = read_adc();
    //読み込み(分解能8bit)

    //ボタンスイッチ-チェック
    if(!input(PIN_A5)){
      while(!input(PIN_A5)){
        disp(shift_sw);
      }
      bv[0]++;
      bv[0]%=2;
    }
    if(!input(PIN_A3)){
      while(!input(PIN_A3)){
        disp(shift_sw);
      }
      bv[1]++;
      bv[1]%=2;
    }
    if(count>value){
      for(i=0;i<2;i++){
        if(bv[i]==0){
          if(!shift_sw[i]){
            scrool[i]++;
          }
          else{
            scrool[i]--;
          }
          if(scrool[i]==4){
            scrool[i]=2;
            shift_sw[i]=1;
            deme[i]++;
            deme[i]%=6;
          }
          if(scrool[i]==0){
            shift_sw[i]=0;
          }
        }
      }
      count=0;
    }
    disp(shift_sw);
  }
}
```

このプログラムでは、サイコロの目が「1」～「6」まで、順次スクロールしながら変化していき、「プッシュ・スイッチ」を押すとその時点の出目が確定します。

この動きを出すために、プログラムが少々複雑になっているので、少し解説します。

＊

出目が「5」から「6」に移る例で説明します。

次の図のように、表示している「3ビットのデータ」を「順次シフト命令」を使って変えることによって、縦スクロールしているように見せています。

第1章 電子サイコロ

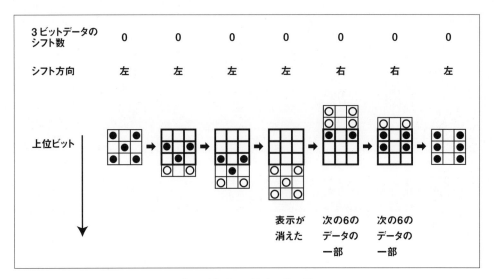

出目が「5」から「6」に移る例

■ 使い方

　電源を入れて2つあるボタンを押すと、サイコロの出目が変化し、もう一度押すと止ります。

　2つあるサイコロは独立しているので、個別に「ストップ/スタート」が可能です。
　また、「ボリューム」を回すことで、リアルタイムにスピードを変えることができます。

第2章 キッチン・タイマー

「キッチン・タイマー」は、どの家庭にも1つはあるのではないでしょうか。

しかし、多くの「キッチン・タイマー」があるにもかかわらず、ほとんどが「液晶数字」のものです。

そこで、消費電力は液晶よりも大きいものの、暗いところでも視認性に優れる、「7セグLED」を使って、実用的な「キッチン・タイマー」を作ってみることにしましょう。

■ 製作コスト

「キッチン・タイマー」の製作コストは、主要部品が700円程度です。

7セグLEDの「キッチン・タイマー」

■「PIC16F785マイコン」の特徴

「キッチン・タイマー」の中身は、いわゆる「ダウン・カウンタ」です。

「マイコン」を使えば、特別なものではなく、ハードもソフトも定石的なものになります。

「キッチン・タイマー」という性格上、それほど精度の高いものでなくともいいと考え、「クリスタル」のような外部発振子は使っていません。

もし、正確性を要求するのであれば、外部に「クリスタル」を付けてください。

また、利用するPICマイコンは、「PIC16F785」という20ピン型のものです。

第2章 キッチン・タイマー

「PIC16F785」の価格は160円(秋月電子通商での価格)と非常に安価ですが、内部に「オペアンプ」を2つ搭載しています。

この工作では、「オペアンプ」を使うことはありませんが、I/O数が18ピンのPICより少しだけ多いので、これを使うことにします。

*

「PIC16F785」へのプログラムの書き込みを、「PICライター」(秋月電子通商)で行なう場合は、ちょっとした工夫が必要になります。

それは、このPICのピン配列にあります。

次の図のように、「PIC12F＊＊＊」という8ピンのPICと、左側8ピンは同様の構成(A0〜A5)になっています。

また、他の「Bポート」は、「B0〜B3」はなく、「B4〜B7」のみの構成となっており、「Cポート」も「C0〜C7」まであるものの、配置がかなり変わっています。

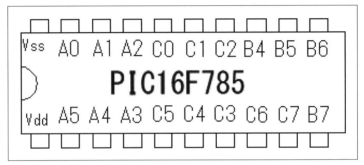

PIC16F785ピン配置

そして、最も注意を要するのが、ライターへのセットです。

「PICkit3」などで、オンボードでプログラムを書き込むときには特に問題はありませんが、秋月製の「PICライター」などにセットして書き込みを行なう場合は、次のように下駄を履かせる必要があります。

…とは言っても特別難しいものではなく、8ピンの「ICソケット」に、左側の8ピンだけをハメ込み、「PICライター」にセットするだけです。

下駄を履かせて「PICライター」にセットする

■「PICkit3」を使ったプログラムの書き込み

　筆者は長い間、秋月電子の「PICライター」を使ってきましたが、前述したような対応をするのが、だんだん面倒になってきたので、最近はもっぱら「PICkit3」を使うようになりました。

＊

　「PICkit3」は、マイクロチップ社純正のフラッシュマイコン書き込みツールです。

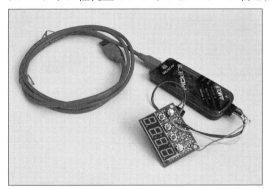

「PICkit3」をつないで書き込み

　最も便利なのは、マイコンにプログラムを書き込むときに、マイコンチップを基板から外す必要がない点です。
　ターゲット基板に実装したままで書き込みができるので、プログラムを変更しても、その結果がすぐに分かり、開発効率が格段にアップします。

＊

　その他にも、次のような特徴があります。

・パソコンとの接続は、付属のUSBケーブルでつなぐだけ(「USBハブ」につなぐときは、ハブに電源を別接続して、充分な電流を確保する必要あり)。
・5Vで大電流を必要としない回路であれば、電源は「PICkit3」から供給でき、「MPLAB」から供給電圧の設定も可能。
・「ターゲットボード」との接続に必要な線は、5本だけ。

1	MCLR
2	＋(電源のプラス)
3	－(電源のマイナス)
4	ICSPDAT
5	ICSPCLK

　これらの特徴によって、マイコンチップを「ターゲットボード」から外す必要がありません。
　そのため、「DIPタイプ」の半分のピンピッチとなる「SOPタイプ」のマイコンも使うことができ、省スペース化も容易になります。

＊

第2章　キッチン・タイマー

　注意が必要なのは、「$\overline{\text{MCLR}}$端子」(RA3)、「ICSPDAT端子」(RA0)、「ICSPCLK端子」(RA1)をI/O端子として使って回路を組む際に、その端子につなぐ回路が、プログラムの書き込みに影響しないようにしなければならない点です。

　そのため、回路を組む際注意事項がいくつか示されています。

・「$\overline{\text{MCLR}}$」「ICSPCLK」の端子と「グランド」間に、コンデンサを付けない。
・「ICSPDAT」端子に、「プルアップ抵抗」を付けない。
・「ICSPDAT」端子と直列になるように、「ダイオード」を入れない。

　しかし、製作する回路によっては、プログラム書き込みに関係する「A0」「A1」の端子に、「7セグメントLED」や「ダイオード」を付ける場合があり、禁止事項に触れてしまうことも想定されます。

　そこで、実際に「7セグメントLED」を「A0」端子に接続すると影響が出るのか、実験してみました。

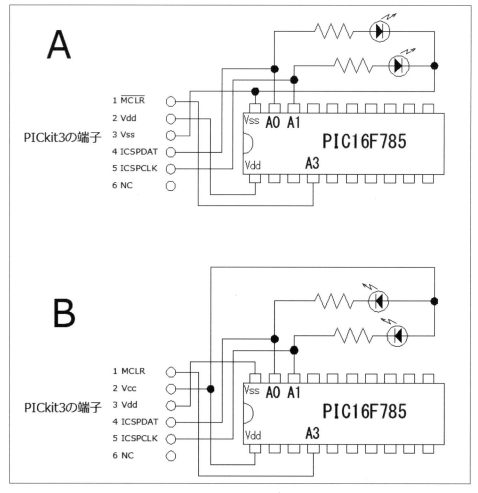

書き込み実験を行なった回路

「PICkit3」を使ったプログラムの書き込み

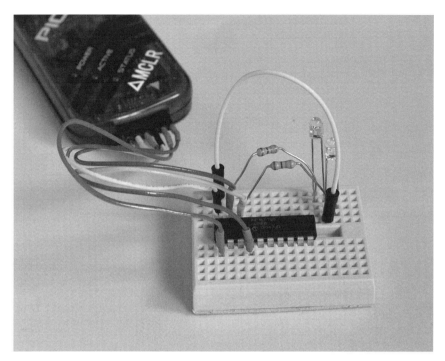

実験した回路（抵抗値は330Ω）

実験に使ったプログラムは、次の通りです。

「PIC16F785」における、「PICkit3」のテストプログラム

```
#include <16F785.h>
#fuses INTRC_IO,NOWDT,NOPROTECT,BROWNOUT,PUT,NOMCLR,NOCPD
#fuses NOIESO,NOFCMEN
#use delay (clock=4000000)//クロック4MHz
void main()
  {
    int i;
    set_tris_a(0x0);//全出力設定
    set_tris_c(0x0);//C0～C7出力設定
    setup_adc_ports(NO_ANALOGS);//すべてデジタルに指定
    setup_oscillator(OSC_4MHZ);
    for(;;){
      for(i=1;i<4;i++){
        output_a(i);//ICSPDAT端子、およびICSPCLK端子にLEDを付ける
        delay_ms(500);
        output_a(0);
        delay_ms(500);
      }
    }
  }
```

*

この実験では、A、B、いずれも問題なくプログラムを書き込むことはできました。

ただ、これどのPICにも当てはまるものではないようなので、PICのチップごとに確認する必要があります。

第2章　キッチン・タイマー

　確実な方法としては、
・書き込みのときだけ、「LED」の接続を切る（かなり面倒）。
・書き込みに関与する「I/Oピン」を使わない。

となります。

　書き込みのときだけI/O端子に接続した回路を切るというのは、単純な方法ではあります。
　しかし、プログラムの完成までには、何度も「プログラムの修正と書き込み」を繰り返すことになるので、このような方法を採ることは、あまり現実的ではありません。

　もし、「7セグメントLED」などを接続する必要があるときは、あらかじめ実験で確かめるのがいちばんです。
　プログラムの書き込みができれば、何も問題はありません。
　また、「書き込みに関与するピンは、はじめから使わない」というのも、I/O数が足りるのであれば、いい解決策です。

　今回の回路では、「ICSPDAT端子にプルアップ抵抗を付けない」ということにも違反しています。
　今回は、特に問題なく書き込みができましたが、これも問題になる可能性があるので、避けたほうがいいでしょう。

*

　「PICkit3」を使ってプログラムの書き込みを行なう場合は、通常は「ターゲットボード」に、「PICkit3」のコネクタ部分を差し込むための「ピンヘッダ」を付けます。
　ここでは、「ピンヘッダ」を付けるスペースがなかったため、開発中の間だけ直接、「ターゲットボード」に線を接続しています。

　開発が終わったら、書き込みに使った線は外してください。

■「キッチン・タイマー」の回路

回路図と部品表は、次の通りです。

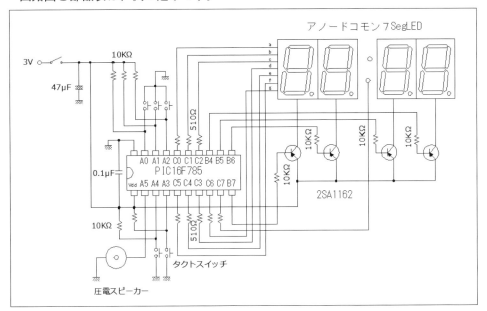

「キッチン・タイマー」の回路図

「キッチン・タイマー」の部品表

部品名	型番など	必要数	単価(円)	金額(円)	購入店
PICマイコン	PIC16F785	1	160	160	秋月電子
PNPチップトランジスタ	2SA1162	4	5	20	〃
20PIN 丸ピンICソケット		1	50	1	〃
47μF 16V 電解コンデンサ		1	10	10	〃
0.1μF積層セラミックコンデンサ		1	10	10	〃
4桁 7セグメントLED	アノードコモン	1	200	200	〃
1/6Wチップ抵抗	10kΩ	9	1	9	〃
1/6Wチップ抵抗	510Ω	8	1	8	〃
タクト・スイッチ		5	10	50	〃
電源用小型スライド・スイッチ		1	20	20	〃
圧電スピーカ		1	30	30	〃
単4×2 電池ケース	基板用	1	50	50	〃
単4電池	アルカリ	2	25	50	〃
パワーグリッドユニバーサル基板	47×36mm	1	75	75	〃
			合計金額	693	

第2章　キッチン・タイマー

回路を組む基板には、秋月電子通商で扱っている「パワーグリッド基板」を使います。

この基板は、電源ラインの「＋」と「－」が、2.54mmピッチの間に縦横に通っていて、どのピンに部品を挿しても、すぐに電源に接続できます。

これによって、「＋」「－」からの配線がとても簡単にでき、余計な引き回し配線を大幅に減らすことができます。

「パワーグリッド基板」の表と裏

コンパクトな回路を作りたい場合は、うってつけの基板だと言えるでしょう。

この工作では、「トランジスタ」や「抵抗」もチップタイプのものを使うため、47×36mmの基板にすべてパーツを実装できます。

＊

「パワーグリッド基板」は、2.54mmピッチの間に電源の「＋」と「－」が通っているため、ある程度、ハンダ付けのテクニックが必要になります。

慎重にハンダ付けをしないと、不用意に「電源ライン」に接触してしまうので、ハンダ付けした後は、「×10ルーペ」などを使って、ミスがないかを忘れずにチェックしましょう。

アルミケースに収めたところ

■「キッチン・タイマー」のプログラム

プログラムについては、コンパイラに「CCS-C」（CCS社のコンパイラ）を使っています。
しかし、「HITEC-C」（マイクロチップ社のコンパイラ）などでも問題なく動作すると思います。

「キッチン・タイマー」のプログラム

```c
#include <16F785.h>
#fuses INTRC_IO,NOWDT,NOPROTECT,NOBROWNOUT,PUT,NOMCLR,NOCPD
#use delay (clock=8000000)//クロック8MHz
#use fast_io(A)
#use fast_io(B)

#use fast_io(C)
int keta[4]={0},count=0;

#int_timer1 //タイマー1割込み処理
void timer_start(){
  set_timer1(0xF000);
  count++;
}
void data_in(int a,int b)
{
  //各桁の数字をketa[]に入れる
  keta[1]=a/10;keta[0]=a%10;
  keta[3]=b/10;keta[2]=b%10;
}
void disp()
{
  int seg[11]={0x3f,0x06,0x5b,0x4f,0x66,0x6d,0x7d,0x07,0x7f,0x67,0x0};
  int tr_drv;
  int i,pu;
  //7seg表示
  tr_drv=1;
  for(i=0;i<4;i++){
    if(count>16) pu=0x80;
    else pu=0;
    if(i==3 && keta[3]==0){
      output_c(~(seg[10] + pu));
    }
    else{
      output_c(~(seg[keta[i]] + pu));
    }
    output_b(~(tr_drv<<4));
    delay_ms(2);
    tr_drv<<=1;
  }
  delay_us(500);
}
void start(int in)
{
  //タイマースタート
  if(in){
    enable_interrupts(INT_TIMER1);
    enable_interrupts(GLOBAL);
  }
  else{
    disable_interrupts(INT_TIMER1);
    disable_interrupts(GLOBAL);
  }
}
```

第2章　キッチン・タイマー

```c
}
void beep()
{ //圧電スピーカーを鳴らすルーチン
  int i,j,k;
  int freq=95;
  output_c(~0x3f);output_b(0x80);
  for(i=0;i<8;i++){//ﾋﾟﾋﾟﾋﾟっと8回鳴らす
    for(j=0;j<4;j++){
      for(k=0;k<200;k++){
        output_high(PIN_A5);
        delay_us(freq);
        output_low(PIN_A5);
        delay_us(freq);
      }
      if(input(PIN_A0)==0){
        while(input(PIN_A0)==0);
        goto RT;
      }
      delay_ms(84);
    }
    delay_ms(400);
  }
  RT:return;
}
void main()
{
  signed int k1=0,k2=0;
  int in,st;
  setup_oscillator(OSC_8MHZ);
  set_tris_a(0x1f);//A0,A1,A2,A3,A4は入力設定
  set_tris_b(0x00);//B4～B7出力設定
  set_tris_c(0x00);//C0～C7出力設定
  setup_adc_ports(NO_ANALOGS);//すべてデジタルに指定

  //割り込み設定
  SETUP_TIMER_1(T1_INTERNAL  | T1_DIV_BY_2);
  set_timer1(0xF000); //initial set
  st=0;
  for(;;){
    while(in=(input_A() & 0x1f),in!=0x1f){
      while((input_A() & 0x1f)!=0x1f){
        disp();
      }
      switch(in){
        case 0x1e:st++;
                  st%=2;start(st); break;
        case 0x1d:if(st==0) keta[0]++;
                  if(keta[0]>9) keta[0]=0;break;
        case 0x1b:if(st==0) keta[1]++;
                  if(keta[1]>5) keta[1]=0;break;
        case 0x17:if(st==0) keta[2]++;
                  if(keta[2]>9) keta[2]=0;break;
        case 0x0f:if(st==0) keta[3]++;
                  if(keta[3]>9) keta[3]=0;break;

      }
      k1=keta[1]*10+keta[0];
      k2=keta[3]*10+keta[2];
    }
    if(count>241){
      count=0;
      if(k1>=0){
        k1--;
        if(k1<0){
```

```
            if(k2>0){
                k1=59;
                k2--;
            }
            else{
                k1=0;
                beep();//終了のベルを鳴らす
                st=0;start(st);
            }
        }
    }
    data_in(k1,k2);
    disp();
 }
}
```

■「MPLAB」における「PICkit3」の使い方

「PICkit3」を「MPLAB 8.63」(組み込みシステム向けの統合開発環境)における使い方を、簡単に説明します。

> ※「Windows10 64bit」を利用する場合、「MPLAB 8.63」は動作しないため、「MPLAB-X」というソフトを使う必要があります。
> このソフトの詳細については、「雨降り警報器」の章(p.67)で解説します。

*

まず、「PICkit3」をパソコンにつなぎ、あらかじめ用意してあるターゲットボードを、「PICkit3」に接続し、「MPLAB8.6」の「Select Programmer」メニューから、「PICkit3」を選択します。

この状態では、

> You must connect to a target device to use PICkit 3.

というエラーが出ますが、これは「ターゲットボード」に電源が供給されていないため、「PICkit3」が「ターゲットボード」を認識できていないことを示しています。

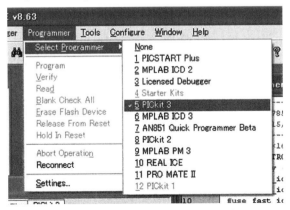

「Select Programmer」→「PICkit3」

このような場合は、「Programmer」メニューから「Settings...」を選択し、「Power」タブの「Power target circuit from PICkit3」にチェックを入れると、「PICkit3」から電源を供給できます。

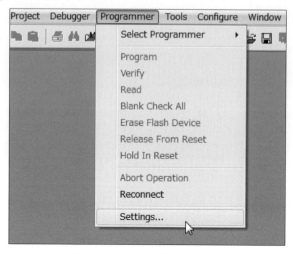

「Programmer」→「Settings...」

「Power target circuit from PICkit3」にチェックを入れる

供給する電圧をスライダーで指定することもできますが、とりあえず「3V」以上あればOKです（通常は5Vにします）。

これで、実際にプログラムした内容で、マイコンボードが動作します。

＊

プログラムを変えた場合は、コンパイルした後、次の図の丸部分をクリックします。

ボタンをクリック

その後、表示される画面で「OK」押すと、「ターゲットボード」が動作を開始します。

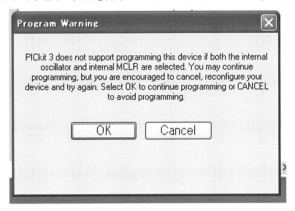

「OK」を押す

■「キッチン・タイマー」の使い方

　完成した「キッチン・タイマー」は、適当な大きさのケースに収めます。
　筆者は、「1mmのアルミ板」を使いましたが、市販の「プラスチック・ケース」(55×45mm)などでもいいでしょう。

　また、実際にキッチンで使うために、本体の裏には「ネオジム磁石」($\phi 10 \times 1mm$)を取り付けています。

完成した「キッチン・タイマー」

　ただし、「ネオジム磁石」の吸着力は、垂直方向には極めて強いですが、縦横方向はかなり弱くなるため、このままでは磁力が弱く、滑り落ちる危険性があります。

　そこで、磁石の吸着面に、薄く「接着剤」(スーパーX)を塗ります。
　こうすることで、吸着面における摩擦抵抗が増して、滑ることなく固定できます。

　磁石を大きいものに変えるという選択肢もありますが、このような解決法も覚えておくといいでしょう。

第2章　キッチン・タイマー

スーパーＸ接着剤

＊

使い方は簡単です。

「タイマー・セット」のボタンが4つ（A～D）と、「スタート/ストップ」のボタン（S）が1つあります。

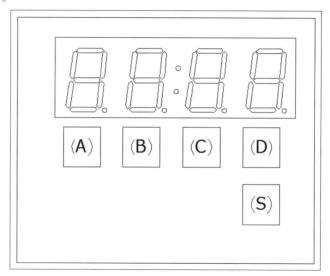

各種ボタンの配置

「A～D」は、各桁を独立して設定できます（最大、「99分59秒」まで）。

数は増やすだけで減らせませんが、「9」の次は「0」に戻ります（秒の2桁目は、「5」の次が「0」）。

＊

タイマー値をセットして、「スタート/ストップ」のボタンを押すと、カウントダウンを始め、「0」になると「圧電サウンダ」が鳴って、終了を知らせてくれます。

第3章 チェアクッション・タイマー

> 「NASA」(アメリカ航空宇宙局)の研究で、1時間座り続けることで、寿命が22分縮まるという衝撃的な研究成果が発表されました。
> しかし、驚いたことに、これを解決する方法は「30分ごとに、たった一回立ち上がるだけ」なのだそうです。
> そこで、イスに座ると時間のカウントが始まり、指定の時間が経過するとアラームが鳴る、「チェアクッション・タイマー」を作ってみましょう。

■「チェアクッション・タイマー」とは

　この装置は、座り始めると1分ごとにカウンタが上がり、30分経過すると音で知らせてくれます。

　立ち上がると(イスから離れると)カウンタはリセットされて、再び座ると「0」からカウントが始まります。

　これによって30分に一回、確実に立ち上がることができます。

椅子に取り付けた「チェアクッション・タイマー」

　製作費は1,400円程度で、部品も入手しやすいものばかりです。ぜひ作って健康に長生きしましょう。

> **Column** なぜ30分に一回、イスから立ち上がる必要があるのか
>
> 「健康…」とか「長生き…」などと銘打っている商品は何か怪しい感じで、その効果のほどは分からないものも多くあります。
>
> そういう意味では、この「チェアクッション・タイマー」も、同じようなものに思うかもしれませんが、別にそのようなものではありません。
>
> 平成28年11月16日のNHKの番組「ためしてガッテン」で、「30分に一回…」の内容について放送されています。
>
> 詳しくは、NHKのHPを参照してください。
>
> http://www9.nhk.or.jp/gatten/articles/20161116/index.html

■「チェアクッション・タイマー」の仕組み

「チェアクッション・タイマー」の構造については、特に難しいところはありません。
イスに敷くクッションの裏に「圧力センサ」を貼りつけ、そこからの信号を「マイコン」に取り込み、「タイマー」を動作させる、という単純な仕組みです。

座ればカウントが始まり、30分経つと「圧電サウンダ」からアラーム音が鳴ります。
また、イスから立ち上がれば、カウントは「0」にリセットされ、座った時点からまた30分までのカウントが始まります。

●感圧センサ

まず、この工作で利用する、「感圧センサ」について簡単に説明します。

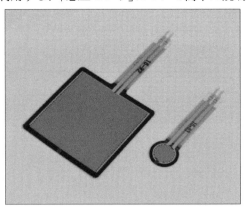

感圧センサ

この「センサ」(正方形のもの)は、スイッチサイエンス社で購入しました。
アマゾンのサイトで「感圧センサ」で検索しても出てきます。

確認はしていませんが、秋月電子通商で販売している、「SR406」という製品と同じものだと思われます。

秋月電子通商では850円で販売されていますが、スイッチサイエンスでは500円(送料150円)で安価だったので、こちらで購入しました。

*

このセンサは、四角の面に圧力をまったくかけていないときの抵抗値は「1MΩ」以上ありますが、面を指で押すだけで「10kΩ」以下になります。

このような性質をもつセンサをマイコンで使うときは、電圧の変化を読み取れる「ADコンバータ付き」のものを使うと簡単です。

また、前ページ画像の右のような小さいタイプもあり、「無接点押しボタンスイッチ」としての使い方もできます。

この「感圧センサ」を使って、「リレー」を用いた簡単なスイッチ回路を示したいと思います。

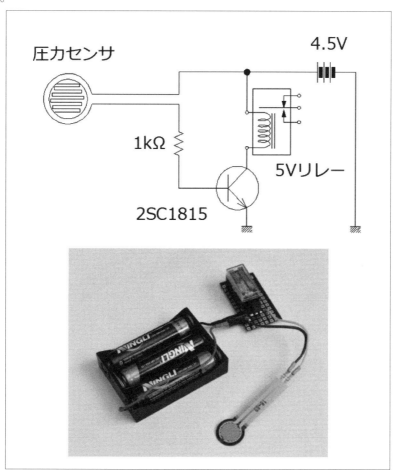

圧力センサ「スイッチ回路」

もちろん、「リレー」の代わりに、「LED」などを直接付けることができます。

「リレー」の先には「モータ」など、接点容量の許す限りいろいろなものを付けて、ON/OFFができます。

第3章　チェアクッション・タイマー

■「チェアクッション・タイマー」の回路図

「チェアクッション・タイマー」の回路図と部品表を、以下に示します。

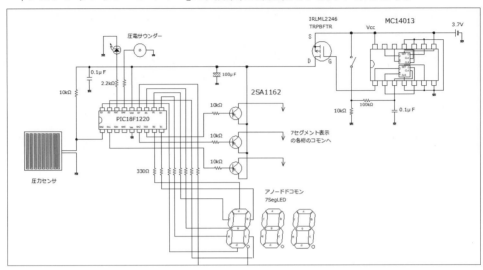

「チェアクッション・タイマー」の回路図

「チェアクッション・タイマー」の部品表

部品名	型番など	必要数	単価(円)	金額(円)	購入店
PICマイコン	PIC18F1220	1	250	250	秋月電子
PNPチップトランジスタ	2SA1162	3	5	15	〃
FET	IRLML2246 TRPBFTR	1	20	20	〃
C-MOS DFF	MC14013	1	40	40	樫木総業
丸ピンICソケット（18ピン）		1	40	1	秋月電子
100μF 16V電解コンデンサ		1	10	10	〃
0.1μF積層セラミックコンデンサ		2	10	20	〃
3桁 7セグメントLED（赤）	アノードコモン	1	100	100	〃
1/6Wチップ抵抗	10kΩ	5	1	5	〃
1/6Wチップ抵抗	330Ω	8	1	8	〃
1/6Wチップ抵抗	100kΩ	1	1	1	〃
1/6Wチップ抵抗	2.2kΩ	2	1	2	〃
タクト・スイッチ		1	10	10	〃
圧電サウンダ		1	30	30	〃
単4×2 電池ケース		1	50	50	〃
単4電池	アルカリ	2	20	40	〃
パワーグリッド・ユニバーサル基板	47×72mmなど	1	140	140	〃
チェアクッション		1	108	108	ダイソー
感圧センサ	（四角型）	1	500	500	スイッチサイエンス
			合計金額	1,350	

「チェアクッション・タイマー」の回路図

　この回路では、電源スイッチに安価な「タクト・スイッチ」を使った、「ソフトタッチ・スイッチ」にしてみました。

　自作の回路などでは、電源スイッチにメカニカルな「スライド・スイッチ」などを使うことが一般的ですが、ON/OFFしやすいようにロジックICの「4013」を使って、「ソフトタッチ・スイッチ」としています。
　この回路は、電源スイッチとしての応用範囲も広いので、マスターしておくと重宝します。

　「ソフトタッチ・スイッチ」の動作としては、「タクト・スイッチ」を一回押すとスイッチが入り、もう一度押すとOFFになります。

*

　負荷に流れる電流が「1A」のように大きい場合、電源スイッチ自体もそれに応じた電流を流せるものを使う必要があります。
　小さな「スライド・スイッチ」などは、せいぜい「100mA」程度の電流が定格値になっているので、「500mA」や「1A」の負荷では使えません。

　そのようなときでも、「ソフトタッチ・スイッチ」の回路を使えば、利用する「FET」の許容ドレイン電流値まで流すことが可能になります。
　「FET」さえ選べば、「10A」の負荷に対応するスイッチでもOKです。

　この工作で使う「IRLML2246」というチップFETは、米粒ほどの大きさのものではありますが、「ID=2.6A」と充分なもので、価格も40円程度と安価です。
　この「FET」をON/OFFするのが、汎用ロジック「MOS-IC」の「MC14013」で、これは「Dual D-FF」(Dタイプ・フリップフロップ)と呼ばれる、フリップフロップICです。
　これを使うことで、1つのタクト・スイッチを押すごとに、ONとOFFを繰り返す回路を簡単に作ることができます。

　メカニカルなスイッチを使う場合より、少し手間がかかりますが、覚えておいて絶対に損はない回路と言えるでしょう。

IRLML2246

■「チェアクッション・タイマー」のプログラム

この回路で利用するマイコンは、「PIC18F1220」です。

特別な機能をもったマイコンではないので、「PIC16F819」などを代わりに使うこともできるでしょう（ただし、場合に応じて、プログラムや回路の変更を行なう）。

＊

必要なのは、「A/Dコンバータ端子」をもったマイコンであることです。

＊

プログラムでは、「タイマー割り込み」を使って時間のカウントをしていきます。

「内部クロック」を使っているので、時間のカウントはそれほど正確ではありませんが、装置の性質上、特に問題にはなりません。

より正確にカウントしたい場合は、外部に「クリスタル」を付ける仕様にするといいでしょう。

＊

以下に、プログラムを示します。

「チェアクッション・タイマー」のプログラム

```c
#include <18F1220.h>
//#device ADC=10  //アナログ電圧を分解能10bitで読み出す
#fuses NOIESO,NOFCMEN,INTRC_IO,NOBROWNOUT,PUT,BORV45
#fuses NOWDT
#fuses NODEBUG,NOLVP,NOSTVREN
#fuses NOPROTECT,NOCPD,NOCPB,NOMCLR
#fuses NOWRT,NOWRTB,NOWRTC,NOEBTR,NOEBTRB
#use delay (CLOCK=4000000)
#use fast_io(A)
#use fast_io(B)
long cnt=0;
int keta[3]={0},amari,count=0,tmb=2,up=1;
#int_timer0  //タイマ0割込み処理
void timer_start(){
  count++;
}
void data_in(int v)
{
  int i;
  if(v==0 && up==1){
    for(i=0;i<3;i++){
      keta[2-i]=11+i;
    }
  }
  else{
    //各桁の数字をketa[]に入れる
    keta[2] = v/100;
    if(keta[2]==0) keta[2]=10;//3桁目のゼロサプレス機能
    amari = v % 100;
    keta[1] = amari/10;
    if(keta[1]==0 && keta[2]==10) keta[1]=10;//2桁目のゼロサプレス機能
    keta[0] = amari%10;
  }
}
void disp(int led)
{
```

```c
  int seg[14]={0x3f,0x06,0x5b,0x4f,0x66,0x6d,0x7d,0x07,0x7f,0x67,
               0x0,0x5a,0x09,0x6c};
  int i,pu,drv;
  //7seg表示
  drv=0x2;
  if(count%4==0){
    pu=0x80;
  }
  else{
    pu=0x0;
  }
  for(i=0;i<3;i++){
    if(i==0) output_b(~(seg[keta[i]] | pu));
    else output_b(~seg[keta[i]]);
    drv&=0x0f;
    output_a(~(drv | led));
    delay_ms(2);
    drv<<=1;
  }
  output_a(~(drv | led));
  delay_us(500);
}
void timer_start(int tim_start)
{
  if(tmb==tim_start) return;
  if(tim_start){
    set_timer0(0); //initial set
    enable_interrupts(INT_TIMER0);
    enable_interrupts(GLOBAL);
    up=0;
    cnt=0;
  }
  else{
    disable_interrupts(INT_TIMER0);
    disable_interrupts(GLOBAL);
    up=1;
  }
  tmb=tim_start;
}
void beep()
{ //圧電スピーカーを鳴らすルーチン
  int i,j,k;
  int freq=95;
  output_b(~0x3e);
  output_a(0);
  for(i=0;i<8;i++){//ピピピッと8回鳴らす
    for(j=0;j<4;j++){
      for(k=0;k<200;k++){
        output_high(PIN_A6);
        delay_us(freq);
        output_low(PIN_A6);
        delay_us(freq);
      }
      delay_ms(84);
    }
    delay_ms(400);
  }
}
void main()
{
  int v,led=0,tim_start;
  setup_oscillator(OSC_4MHZ);
  set_tris_a(0x01);//A1,A2,A3,A4,A6,A7は出力設定
  set_tris_b(0x00);//B0～B7出力設定
```

第3章　チェアクッション・タイマー

```c
    setup_adc_ports(sAN0,VSS_VDD);//AN0のみアナログ入力に指定
    setup_adc(ADC_CLOCK_DIV_32);//ADCのクロックを1/32分周に設定

    //割り込み設定
    SETUP_TIMER_0(T0_INTERNAL   | T0_DIV_4);

    while(1){
        set_adc_channel(0);
        elay_us(20);
        v = read_adc()/16;
        if(v>8){
            tim_start=0;
            led=0x80;//output_low(PIN_A7);
        }
        else{
            tim_start=1;
            led=0x00;//output_high(PIN_A7);//センサONのときA7ポートLED点灯
        }
        timer_start(tim_start);
        if(count>226){
            count=0;
            cnt++;
            //if(cnt==1) cnt+=29;
                                //圧電ブザーの音をチェックするとき（座って1分で鳴る）
            if(cnt==30) beep();
            if(cnt>999) cnt=0;
        }
        data_in(cnt);
        disp(led);
    }
}
```

■「チェアクッション」と「感圧センサ」

次に、クッションに「感圧センサ」を取り付けます。

この工作で使ったのは、ダイソー製の「100円クッション」ですが、基本的にはどのようなクッションでもかまいません。

「感圧センサ」には、強力な「粘着テープ」が付いているので、クッションに簡単に貼りつけることができます。

クッションの形状によっては、凹凸があって貼りにくいものもあるかもしれませんが、その場合は、工夫して貼りつけましょう。

*

そして、センサに必要な長さの線を取り付けて、回路基板にコネクタを介して接続します。

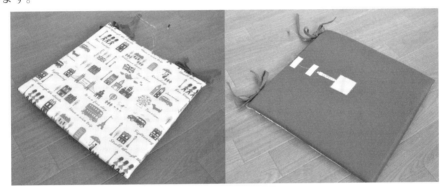

クッション裏面にセンサを取り付ける

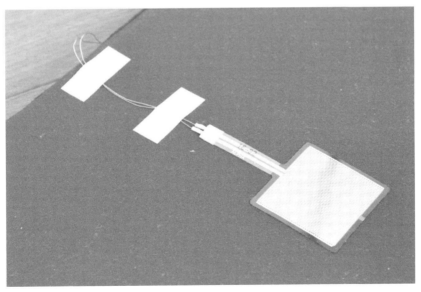

センサ部分詳細

第3章 チェアクッション・タイマー

イスに置いた「センサ・クッション」と「着座タイマー本体」

■ バッテリ

　この回路では、電圧は「3.6V以上」はほしいので、乾電池を使う場合は、「単3」または「単4」の電池を、直列で使う必要があります。

　ただし、「マイコン」を使っていますが、電源のレギュレーションを行なっていないため、「5.2V」を超えないようにしてください。

　なるべく小型に使いたい場合は、「リチウム・ポリマー電池」を使うといいでしょう。
　電圧は、公称で「3.7V」(実際には4V前後)あります。

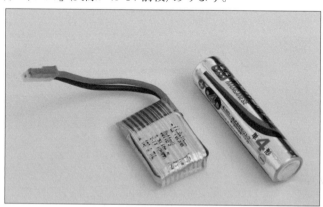

リチウム・ポリマー電池(左)、単4電池(右)

　この「リチウム・ポリマー電池」は、「GForce GS017 [INTRUDER用Li-Poバッテリ 3.7V 180mAh]」という製品で、ヨドバシカメラから600円で販売されています。
　小さく、軽くて便利な「リチウム・ポリマー電池」ですが、充電には専用の充電器が必要になり、バッテリの単価も高いのが難点だと言えるでしょう。

使い方

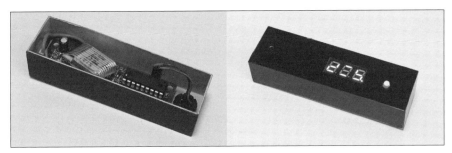

完成イメージ

■ 使い方

　クッションからの「センサ・コード」を、本体の「コネクタ」に接続し、右の「タクト・スイッチ」を押して電源を入れます。

右のタクト・スイッチを押す

　イスに敷いた「チェアクッション」の上に座ると、LED右下のドット部分が点滅し、カウントが始まります。

　1分ごとに数字が上がっていき、30分経つと「圧電サウンダ」からアラーム音が鳴ります(そのまま座り続けた場合、カウントはアップし続けます)。

　そして、椅子から立ち上がるとカウントは停止しますが、この状態では、これまで座り続けた時間(分)が表示されたままです。
　再び座れば、カウントが「0」にリセットされ、またカウントが始まります。

「7分」が経過したところ

59

第4章 雨降り警報器

> 天気の良い日に洗濯物を干した後に、突然の雨でせっかくの洗濯物を濡らしてしまうことは、どの家庭でも経験があるのではないでしょうか。
> 今回は、市販の「感雨センサ・モジュール」と組み合わせて、雨を検知して「音声合成音」で知らせてくれる、ちょっと高級な「雨降り警報器」を作ってみましょう。

■ 感雨センサ・モジュール

この工作で使う「感雨センサ・モジュール」の「LM393」は、aitendoというお店で売られている製品です。

「コンパレータ」を使った回路になっていて、「雨の水滴を感知する基板」とセットになっています(価格は450円)。

感雨センサ・モジュール
http://www.aitendo.com/product/10280

この「センサ・モジュール」の基板部分に水滴が当たると、センサ回路のDO端子の電圧が「Lowレベル」(負論理)になります。

この信号を受けて、「リレー」を動作させたり、「圧電サウンダ」を鳴らしたりできます。

これだけでも「雨降り警報機」として成立するのですが、さらに、

> 雨が降ってきました。洗濯物を取り込んでください。

のようなメッセージが流れるようにしてみましょう。

■ 音声合成LSI

メッセージを流す方法としては、①実際の声を「音声録音IC」などに記憶させて使う方法と、②喋らせたい「テキスト・データ」をプログラムに書き込んで読み上げる方法——があります。

＊

この工作では、秋月電子通商で売っている音声合成LSI、「ATP3012F5」を使ってみます。

似たような製品に「ATP3011」シリーズがありますが、「ATP3012」シリーズは、外部クロック（セラミック発振子）を使って、よりクオリティの高い音声を出すことが可能です（「ATP3011」シリーズは内蔵クロックで動作し、クオリティが若干劣る）。

> ※なお、「ATP3011」シリーズは、外部クロックとして「セラミック発振子」を付ける「ATP3012」シリーズとは、多少配線に違いが出てきます。
> もし「ATP3011」シリーズを使う場合は、仕様解説書を参考に変更してください。
> また、「ATP3011」シリーズでは、発声する声のタイプによって「かわいい女性の声」「ロボットの声」など、いくつかの種類があります。

この「音声合成LSI」は、250円（秋月電子通商）で売っているAtmel社のAVRマイコン「ATMEGA328P」をアクエスト社が音声合成チップにしたものです。

単純に考えると、「900－250＝650円」が、音声合成チップにするためのプログラムの価格ということになります。

AVRマイコンそのものの値段が安いだけに、ソフトの価格が「650円」というのは、ちょっと高いと思うかもしれません。

しかし、実現できる内容を考えれば、決して高いものとは言えないかもしれません。

この「音声合成LSI」は単体では使えないので、さらにマイコンやマイコンボードをつないで、喋らせたいデータを送る必要があります。

ここでは、非常に安価なDIP14ピンの「PIC16F1823」を使って、SPI通信でコンパクトに接続してみましょう。

■「SPI通信」とは

「SPI通信」とは、3本線によるシリアル通信を使って行なう方法です。

マイコン同士のシリアル通信の方法には、他に「I²C」や「UART」などもあります。

＊

ここで言う「通信」とは、「マイコン」と「ATP3012」が互いに必要な情報をやり取りすることです。

また、「シリアル通信」の対義語としては、「パラレル通信」があります。その違いを次の図で説明します。

●パラレル通信

「パラレル通信」では、1バイト(8bit)のデータを、そのまま単純に「8本の線」で接続して送ります。

1回のデータ転送で、1バイトのデータを送ることができます。

かつての「パソコンとプリンタ」や「パソコンとハードディスク」などの接続は、この方法が主流でした。

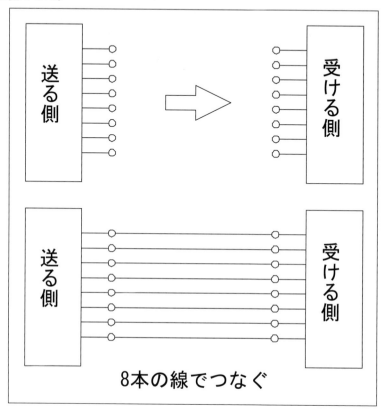

パラレル通信のイメージ

●シリアル通信

「シリアル通信」では、基本的には線は1本ですみます。

なぜならば、上記と同様に1バイトのデータを送るときにも、1ビットずつ8回に分けて時間差で送り込むからです。

最近では、転送速度が極めて速くなったため、ハードディスクやプリンタの接続も、誰もがご存知の「USB」というシリアル方式で行なわれています。

このようにすることで、「パラレル通信」では、8本必要だったデータ線が、たった1本になるわけです(実際にはもう少し多いですが)。これは、いいことですね。

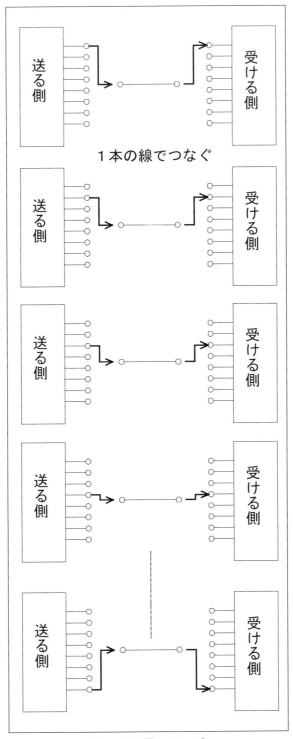

シリアル通信のイメージ

　デメリットとしては、1バイトのデータを転送する場合でも、8回に分けて転送する必要があることです。
　さらには、1バイトのデータを8回に小分けにして送るわけですから、1ビットごとに受け手側できちんと捉えて、正しく1バイトのデータに復元できないと困ります。

そのためには、復元するための取り決めなどをしておく必要が出てきます。

これが、「通信プロトコル」と呼ばれる考え方です。
どういう取り決め方でもかまわないのすが、「こういう取決めでやりましょう」ということをどこかの誰かが提唱して、「あー、それいい方法だね」となれば、その通信プロトコルが世に広まっていくということになります。

以降で紹介する「SPI」という方式もその一種で、モトローラ社が提唱したプロトコルです。
特徴としては、次のようなものが挙げられます

・通信ケーブルが長いことは想定しておらず、複数のマイコン同士などオンボード上での通信に限る。
・通信スピードは、最大で「5Mbit/sec」と比較的高速。

そして、この「SPI通信」機能を有するPICマイコンや、音声録音＆再生に使うLSIの「ATP3012」などがあり、それらは、基本的に3本の線を接続するだけで、相互にデータのやり取りができるのです。

この工作では、「SPI通信」機能を有するPICでも特に安価な、「PIC16F1823」を使います。

＊

「PIC16F1823」のピン配置を以下に示します。
「SPI通信」に必要な端子は、「SCK」「SDI」「SDO」の3つです。

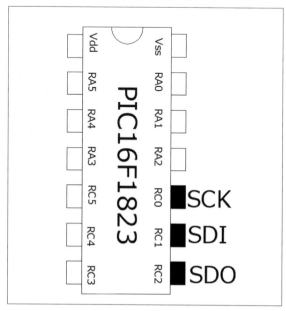

「SPI通信」に必要な端子

■ 回路図と部品表

回路図と部品表を以下に示します。

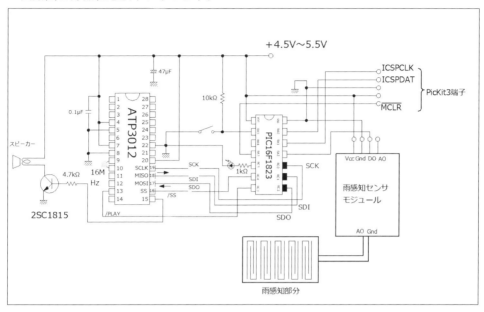

「雨降り警報機」の回路図

「雨降り警報機」の部品表

部品名	型番など	必要数	単価(円)	金額(円)	購入店
PICマイコン	PIC16F1823	1	100	100	秋月電子
音声合成LSI	ATP3012F5	1	900	900	〃
セラミック発振子	16MHz	1	35	35	〃
NPNトランジスタ	2SC1815	1	10	10	〃
丸ピンICソケット (28ピン)		1	70	1	〃
丸ピンICソケット (14ピン)		1	25	1	〃
47μF 16V 電解コンデンサ		1	10	10	〃
0.1μF積層 セラミックコンデンサ		1	10	10	〃
1/6W抵抗	4.7kΩ	1	1	1	〃
1/6W抵抗	1kΩ	1	1	1	〃
1/6W抵抗	10kΩ	1	1	1	〃
LED		1	10	10	〃
タクト・スイッチ (音声確認スイッチ)		1	10	10	〃
単4×3 電池ケース		1	60	60	〃
単4電池	アルカリ	3	20	60	〃
スピーカー	8Ω 0.5W	1	80	80	〃
パワーグリッド・ユニバーサル基板	47×36mm など	1	75	75	〃
感雨センサ・モジュール	LM393	1	450	450	aitendo
			合計金額	1,815	

「感雨センサ・モジュール」の基板は、次の図のように4ピンの「ピン・ヘッダ」を外して、メイン基板の上に載せます。

4ピンの「ピン・ヘッダ」を外す

このとき、メイン基板の「GND」や「Vcc」などの電源ラインに接触しないように、2mm程度浮かせて実装します。

メイン基板に載せる

*

また、ここで使う「PIC16F1823」にプログラムを書き込むために、「PICkit3」を利用します。

「PICkit3」の詳しい特徴については、「キッチン・タイマー」の章(p.37)を参照してください。

「PICkit3」の特徴によって、マイコンチップを「ターゲット・ボード」から外す必要がなくなり、「DIPタイプ」の半分のピンピッチの「SOPタイプ」のマイコンも使うことができて、省スペース化も容易になります。

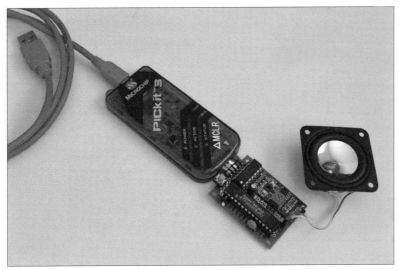

「PICkit3」をつないで書き込み

■「MPLAB X」における「PICkit3」の使い方

　マイコンにプログラミングを行なう際には、「アセンブリ言語」や「C言語」(Cコンパイラ)を使います。

　また、マイコンに書き込みをする場合は、「統合環境」を使うと便利です。

　そこで、以降では、統合環境の「MPLAB X」と「PICkit3」を使った方法について説明します。

　なお、「Cコンパイラ」には、CCS社の「CCS-C」を使います。
　このコンパイラには、「SPI通信」のための関数が用意されています。

＊

　筆者は、これまでPICのプログラミングには長く「WindowsXP」マシンと「MPLAB 8.63」を使ってきました。

　しかし、最近は「Windows10」のマシンが主流になり、PICのプログラミングも「Windows10」の環境下で行なう必要が出てきました。

　ところが、OSが「Windows10 64bit」の場合、これまで使っていた「MPLAB 8.63」は動作しないことが分かり、代わりに「MPLAB X」というソフトを導入せざるを得なくなりました。

　「MPLAB X」は、「8.63」とはかなり使い勝手が違うものになっており、「メニュー」などもかなり異なっているので、最初に導入するときにはかなり戸惑いますが、基本的なところは同じです。

　慣れればそれほど難しいものではないので、ぜひ使い方をマスターしてください。

第4章　雨降り警報器

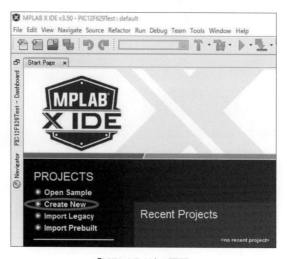

「MPLAB X」の画面

＊

　「MPLAB X」をインストールするには、マイクロチップ社のサイトから、「MPLAB X」のインストーラをダウンロードします。
　ページの下のほうにあるタブから、「Downloads」を選択すると、ダウンロードリンクが表示されます。
　ダウンロードが終わったら、インストーラを起動してインストールしてください。

＜ダウンロードページ＞

http://www.microchip.com/mplab/mplab-x-ide

　インストールが完了したら、「MPLAB X」のアイコンをクリックして起動すると、画面には次のようなスタートアップ画面が表示され、10秒ほどで立ち上がります。

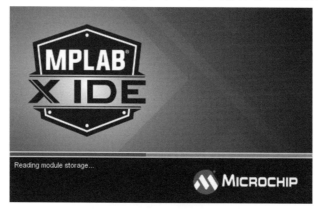

「MPLAB X」の起動画面

＊

　では、新しくPICのプログラムを作っていくことを想定し、順を追って説明します。
　「MPLAB X」でプログラムを開発する場合、メニューの選び方はいろいろありますが、そのうちの1つを示します。

なお、あらかじめ「CCS-Cコンパイラ」がインストールされていることを前提とします。

[1] PICのプログラムを作るには、まず、「Project」ファイルを用意します。
次の画面から、「Create New」を選びます。

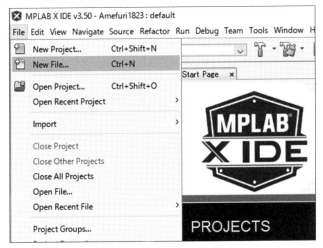

「Create New」を選択

[2] すると、次のような画面が開くので、右側の「Projects:」から「Standalone Project」を選んで、「Next＞」を押します。

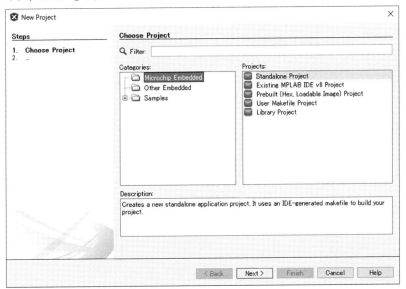

「Project」のタイプを選ぶ画面

[3]「PICの型番」を選ぶ画面になります。

　ここで使うPICの型番は「**PIC16F1823**」なので、「Family:」の項目を「Mid-Range 8-bit MCUs (PIC10/12/16/MCP)」にし、「Device:」の項目を「**PIC16F1823**」にして、「Next >」を押します。

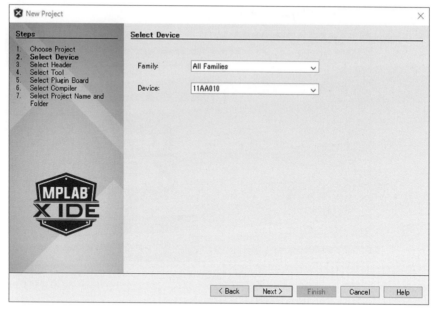

「PICの型番」を選ぶ画面

[4]「Debug Header」の選択画面になりますが、これは使わないので、「None」を選択して、「Next >」を押します。

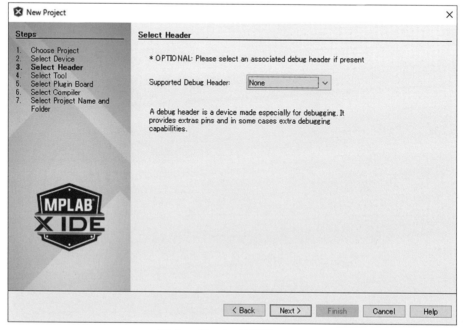

「Debug Header」は利用しない

[5]「書き込みのツール」を選びます。

「PICkit3」を使うので、これを選択して「Next＞」を押します。

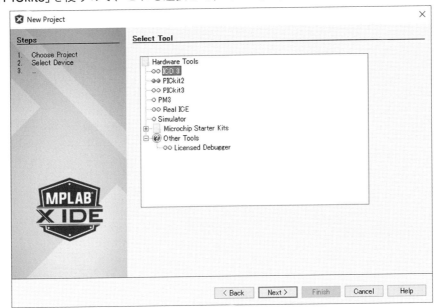

「ツール」(PICkit3) の選択画面

[6]「利用するコンパイラ」を選択。

前述したように「CCS-C」を使うので、「CCS C Compiler (v5.044) [C:¥PROGRA~2¥PICC]」を選択して、「Next＞」を押します。

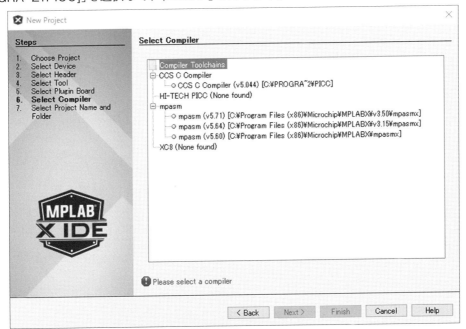

「コンパイラ」の選択画面

[7] 最後に、「Project Name」などを設定。

「Project Name」は「Amefuri1823」とし、「Set as main project」にチェックを入れておきます。

また、「Encoding：」の選択では、日本語のコメントが使えるように「ISO-2022-JP」を選択し、「Finish」を押します。

「Project」ファイルは、デフォルトでは「Users」フォルダ内にユーザーごとに作られている、「MPLABXProjects」というフォルダに入ります。

その中に、今回設定した「Amefuri1823.X」というフォルダが作られます（この場所は、任意に設定することが可能）。

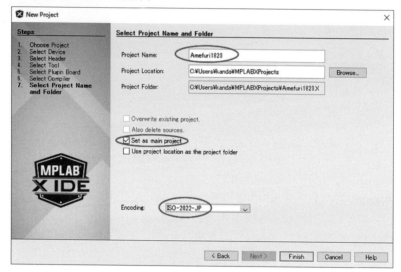

「Project Name」などの入力

これで、プログラムを作る準備は整いました。

設定が完了すると、画面は次のようになります。

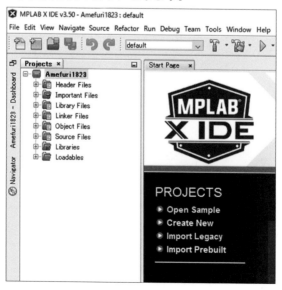

プロジェクト設定完了

■ ソースファイルの作成準備

では、「MPLAB X」に、C言語でプログラムを入力していきます。

[1] 画面左上の「File」から、「NewFile...」を選択。

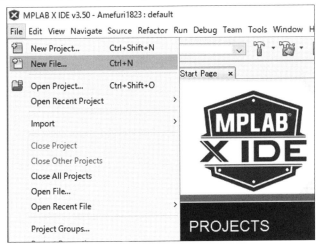

[NewFile...] を選択

[2]「Categories」では「C」フォルダを選択し、「File Types:」は、「C Main File」を選択します。

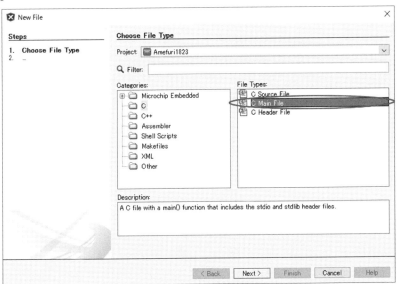

「C Main File」を選択

[3]次の最後の画面では、「File Name:」に、「Project Name」と同じ「Amefuri1823」を設定。

「Project Name」と同じでないといけないということはありません。ここでは、筆者の慣習的にそのようにしています。

「File Name:」を入力したら、「Finish」を押します。

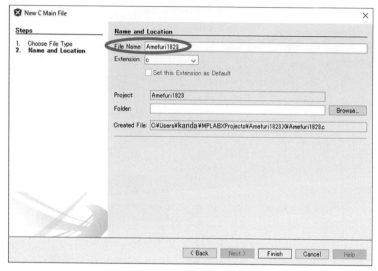

ソースファイル名を入力

[4]最終的に、次のような画面になり、プログラムを入力できる状態になります。

「ソース・プログラム」の入力画面

■ プログラム

では、入力画面にプログラムを書いていきましょう。

始める前に、デフォルトで記述されているヘッダーファイルの「stdio.h」と「stdlib.h」は削除してください。

「雨降り警報器」のプログラム

```c
#include <16F1823.h>
#fuses INTRC_IO,NOWDT,NOPROTECT,BROWNOUT,PUT,NOMCLR,NOCPD
#fuses NOIESO,NOFCMEN
#use delay (clock=4000000)//clock 4MHz
#use fast_io(A)
#use fast_io(C)
const char  moji[]=";amega ;futtekimashita  sentakumonowo torikondekudasai.";
void main()
{
  int i,se=0;
  set_tris_a(0x24);//A5,A2は入力
  set_tris_c(0x0A);//C3:/PLAY , C1:SDI
  setup_adc_ports(NO_ANALOGS);
  setup_oscillator(OSC_4MHZ);
  //MSSP初期設定　SPIモード 初期化
  setup_spi(SPI_MASTER | SPI_SCK_IDLE_HIGH | SPI_CLK_DIV_16 | SPI_SS_DISABLED);

  while(1){
    while(input(PIN_A2) && input(PIN_A5)){
      //雨がふっていないか、または push_swが押されていない間待つ
      output_low(PIN_C5);//LEDをOFF
    }
    output_high(PIN_C5);//LEDをON

    //チャイム1を鳴らす
    output_low(PIN_C4);//SS端子をアクティブにする
    delay_us(20);

    spi_write('#');
    delay_us(20);
    spi_write('J');
    delay_us(20);
    spi_write('\r');
    // while(~input(PIN_C3));//発音中 (PLAY中) は待つ
    delay_ms(1000);

    i=0;
    while(moji[i]!='\0'){
      spi_write(moji[i++]);
      delay_us(20);
    }
    spi_write('\r');
    //while(~input(PIN_C3));//発音中 (PLAY中) は待つ
    delay_ms(6500);

    //チャイム2を鳴らす
    spi_write('#');
    delay_us(20);
    spi_write('K');
    delay_us(20);
    spi_write('\r');
    //while(~input(PIN_C3));//発音中 (PLAY中) は待つ
```

```
        output_high(PIN_C4);//SS端子をdisableにする
        delay_ms(1000);
    }
}
```

入力したら、キーボードから「Ctrl＋s」を押すか、「File」メニューから「Save」を選んで、保存します。

*

プログラム中で、①「雨を感知するセンサが反応していないか」、または②「テスト用のタクトスイッチが押されていないときの判定ルーチン」で、「while文」で待機する記述があります。

その部分は、「or」(||)ではなく「and」(&&)なので、間違えないようにしてください。

```
while(input(PIN_A2) && input(PIN_A5)){
    //雨がふっていないか、または  push_swが押されていない間待つ
    output_low(PIN_C5);//LEDをOFF
}
```

■ コンパイル

プログラムの入力が終わったらコンパイルしますが、その前に入力したソースファイルを、以下の手順で認識させる必要があります。

[1] 次の画面のように、「Source」の部分にマウスカーソルをもっていき、右クリックメニューから「Add Existing Item...」→「Amefuri1823.c」を選択。

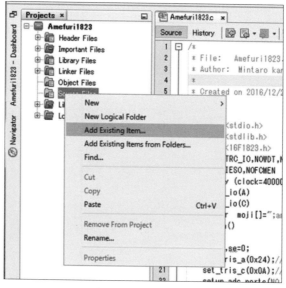

ソースファイルを指定

コンパイル

「Amefuri1823.c」を選択

[2] さらに、「Header Files」も指定。

次の画面のように、[Header Files]の部分にマウスカーソルをもっていき、右クリックメニューから、「Add Existing Item...」→「16F1823.h」を選択します。

※なお、ヘッダーファイルは、「CCS-C」の「PICC」フォルダ内にある、「Devices」フォルダを指定します(CCS-Cがインストールされていない状態では、選択することができません)。

「Header Files」の指定

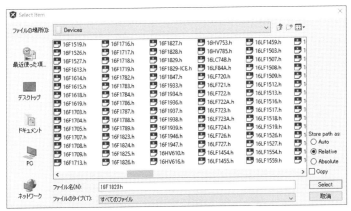

「16F1823」を選択

77

この結果、次のような画面になったことを確認してください。

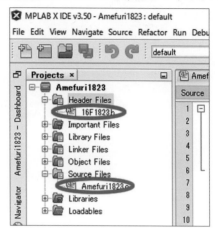

「ヘッダーファイル」と「ソースファイル」をコンパイルの対象にしたことを確認

＊

次に、「PICkit3」本体に電源を供給するための設定をします。

[1] 右の画面のように、[Amefuri1823]の部分にマウスカーソルを当てて、右クリックメニューからいちばん下の「Properties」を選択。

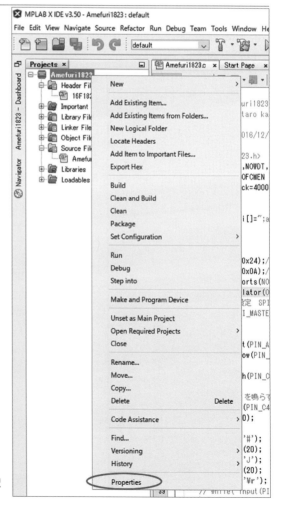

「Properties」を選択

[2] 次のような画面が開くので、「PICkit3」→「Power」を選択。

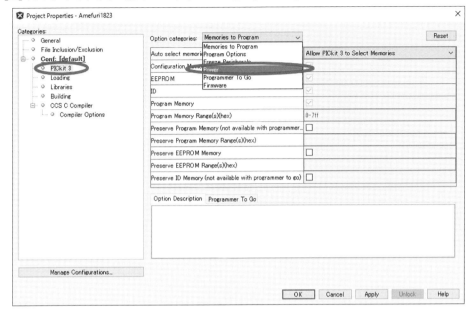

「Power」を選択

[3]「Power target circuit from PICkit3」にチェックを入れて、さらに「供給する電圧」として「5V」を指定。

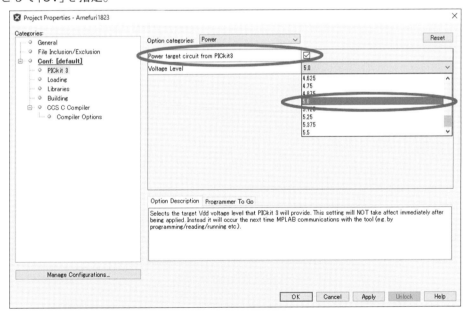

「Power target circuit from PICkit3」にチェックを入れて、「5V」を選択

　これで、「コンパイル」と「PICkit3」を使う準備が整ったので、コンパイルを実行します。

＊

　コンパイルの実行は、次の画面の○で囲ったボタンを押します。

コンパイルの実行

このとき、パソコンには作った基板を差し込んだ「PICkit3」を接続しておきます。

> ※「PICkit3」を使うためには、充分な電流容量が必要になるので、「PICkit3」はパソコン本体に直接接続するか、(外部電源を使うタイプ)のハブを利用する必要があります。

コンパイルでエラーがなく、「PICkit3」も正常に接続されていて動作している場合は、画面下の部分は次のような表示になります。

エラーがあると、テキスト部分が赤で表示されるので、表示されたエラーを取り除いて、再度コンパイルしてください。

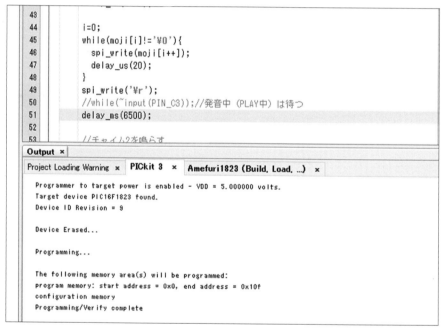

コンパイルが成功した画面

■「雨降り警報器」の使い方と、「発声文字列」の設定

完成した「雨降り警報器」

　この装置の基板の各端子は、次の写真のようになっているので、「電源」「スピーカー」「雨検知用基板」などを接続します。

　また、「雨感知モジュール」に付いている半固定抵抗は、雨感知の感度調整に利用します。

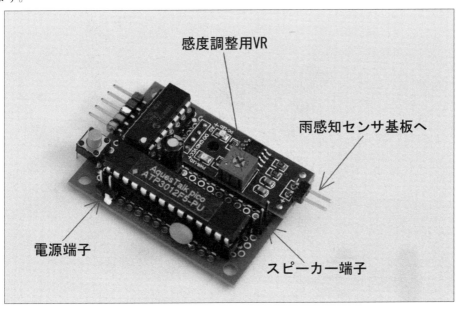

基板の各端子

第5章 音声時計

> 時計には時刻を「音声」で知らせてくれるものがあります。
> 主に「視覚障害者」の方に向けた機能ですが、それ以外の人でも、「別の作業に集中しているときに時刻だけ把握しておきたい」とか、「就寝時に目を閉じたまま時間を知りたい」といった場合にも利用できます。
> ここでは、そのような「音声で時刻を知らせる時計」を作ってみましょう。

■「音声時計」とは

「音声時計」と言うと、作るのは難しそうに思えるかもしれません。

しかし、通常のマイコンなどで構成する時計に「音声合成LSI」を付加するだけで、それほど難しいものではありません。

音声時計

「音声合成LSI」には、「雨降り警報器」の章で紹介したものを使ってみましょう。

「雨降り警報器」では「ATP3012」を使いましたが、今回は「外部発振器」のいらない「ATP3011」を使うことにします。

また、「雨降り警報器」と同様に、PICマイコンから「SPI通信」機能を利用します。

＊

「ATP3011」は、声の種類によって製品が分かれているので、好みのものを選んでください。

①ATP3011R4-PU 28ピン DIP …………… ロボット声
②ATP3011M6-PU 28ピン DIP …………… 業務用途向けの落ち着いた男声
③ATP3011F1-PU 28ピン DIP …………… 女声("ゆっくり")
④ATP3011F4-PU 28ピン DIP …………… かわいい系の女声

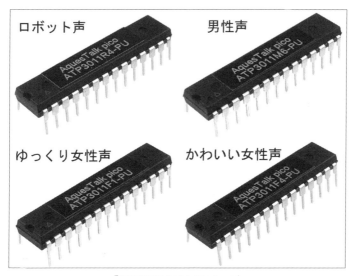

「ATP3011」ラインナップ

*

「SPI通信」機能を有するPICには、安価な「PIC18F2221」を使います。

「PIC18F2221」のピン配置を、以下に示します。
「SPI通信」に必要な端子は、「SCK」「SDI」「SDO」の3つです。
「SPI通信」機能を備えたPICであれば、他の28ピンのものでも使えると思います。

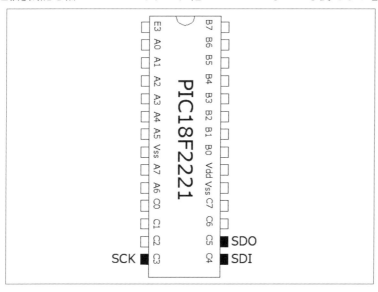

「PIC18F2221」のSPI端子

第5章 音声時計

■ 回路図と部品表

「音声時計」の回路図と部品表を示します。

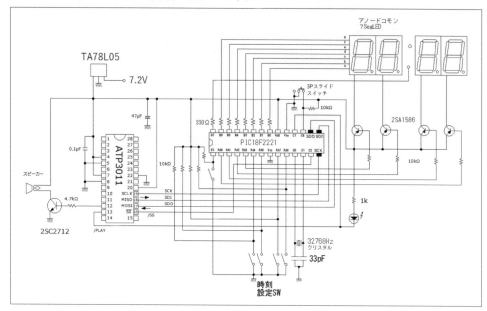

「音声時計」の回路図

「音声時計」の回路図と部品表

部品名	型番など	必要数	単価(円)	金額(円)	購入店
PICマイコン	PIC18F2221	1	220	220	秋月電子
音声合成LSI	ATP3011R4-PUなど	1	850	850	〃
水晶発振子	32768Hz	1	30	30	〃
NPNトランジスタ	2SC2712	1	5	5	〃
PNPトランジスタ	2SA1586	4	5	20	〃
5Vレギュレータ（150mA）	TA78L05	1	25	25	〃
丸ピンICソケット（28ピン）		2	70	140	〃
47μF 16V電解コンデンサ		1	10	10	〃
0.1μF積層セラミックコンデンサ		1	10	10	〃
33PFセラミックコンデンサ		2	5	10	〃
1/6W抵抗	330Ω	8	1	8	〃
1/6W抵抗	4.7kΩ	1	1	1	〃
1/6W抵抗	1kΩ	1	1	1	〃
1/6W抵抗	10kΩ	10	1	10	〃
4桁 7セグメントLED	アノードコモン	1	200	200	〃
LED	φ3mm	1	10	10	〃
小型スライド・スイッチ	3P	1	25	25	〃
タクト・スイッチ	緑	1	10	10	〃

タクト・スイッチ	赤	1	10	10	〃
タクト・スイッチ	黄色	1	10	10	〃
タクト・スイッチ	青	1	10	10	〃
タクト・スイッチ	茶色	1	10	10	〃
スピーカー	8Ω 0.5W など	1	80	80	〃
パワーグリッド・ユニバーサル基板	47×72mm など	1	140	140	〃
			合計金額	1,845	

なるべく正確な時刻を示すように、外部に「32768Hzのクリスタル」を接続しています。

回路基板

■ プログラム

次に、「プログラム」を示します。

「SPI通信」のための関数を使うので、今回も「CCS-C」コンパイラを使ったプログラムになっています。

「音声時計」のプログラム

```
#include <18F2221.h>
#include <string.h>
#fuses INTRC_IO,NOWDT,NOPROTECT,NOLVP,NOCPD,PUT,BROWNOUT
#fuses NOMCLR,NODEBUG
#use delay (clock=32000000)
#use fast_io(A)
#use fast_io(B)
#use fast_io(C)
#use fast_io(E)
//   0    1    2    3    4    5    6    7    8    9
const int seg[10]={0x3f,0x06,0x5b,0x4f,0x66,0x6d,0x7d,0x07,0x7f,0x67};
const char hour[24][12]={"rei","ichi","ni","san","yo","go","roku",
"shichi","hachi","ku",
            "ju-u","ju-uichi","ju-uni","ju-usan","ju-uyo","ju-ugo",
"ju-uroku",
            "ju-unana","ju-uhachi","ju-uku","niju-u","niju-uichi",
"niju-uni",
            "nijyu-san"};
char just10[6][10]={"cho-do","ju,pun","niju,pun","sanju,pun","yonju,
pun","goju,pun"};
char minute10[5][8]={"ju-","ni'ju-","san'ju-","yo'nju-","goju'-"};
char minute1[10][10]={"rei","i,pun","nifun","sanpun","yonpun","gofun
","ro,pun","nanafun",
            "hachifun","kyu-fun"};
```

```c
int keta[4]={0,0,0,0};
int count=0,byou=0;
#int_timer1 //タイマ1割込み処理
void isr0(void){
  set_timer1(0xF000);
  output_bit(PIN_B7,count);//コロン点滅用
  count++;
}
void disp(void){
  signed int j,dketa=0x1;
  for(j=0;j<4;j++){
    if(j==3 && keta[3]==0) break; //3桁目のゼロサプレス機能
    output_b(~seg[keta[j]]);
    output_bit(PIN_B7,count);
    output_a(~dketa);
    delay_ms(1);
    //不要のセグメントが薄く光ることを防ぐ
    output_a(0xf);
    delay_ms(1);
    dketa<<=1;
  }
}
void voice(void)
{
  int i,jikan;
  char voicechar[48];
  char ji[]="ji ",desu[]=",de'su.";

  //時間を算出
  jikan=keta[3]*10+keta[2];
  strcpy(voicechar,hour[jikan]);
  strcat(voicechar,ji);
  if(keta[0]==0){
    strcat(voicechar,just10[keta[1]]);
  }
  else{
    if(keta[1]!=0){
      strcat(voicechar,minute10[keta[1]-1]);
    }
    strcat(voicechar,minute1[keta[0]]);
  }
  strcat(voicechar,desu);
  output_low(PIN_C2);//SS端子をアクティブにする
  delay_us(20);
  i=0;
  while(voicechar[i]!='\0'){
    spi_write(voicechar[i++]);
    delay_us(20);
  }
  spi_write('\r');
  //while(!input(PIN_C7));//発音中(PLAY中)は待つ
  output_high(PIN_C2);//SS端子をdisableにする
  delay_us(20);
}
void main()
{
  int upsec=30;
  setup_oscillator(OSC_32MHZ);
  set_tris_a(0xf0);//上位4bitは入力
  set_tris_b(0x0);//全ポート出力設定
  set_tris_c(0xd3);//c0,c1,c4,c6,c7が入力ポート設定
  set_tris_e(0x8);//e3ポートを入力設定
  setup_timer_1(T1_EXTERNAL_SYNC | T1_CLK_OUT | T1_DIV_BY_1);
  set_timer1(0xF000); //initial set
```

```c
  enable_interrupts(INT_TIMER1);
  enable_interrupts(GLOBAL);

  setup_adc(ADC_CLOCK_INTERNAL);//ADCのクロックを内部クロックに設定
  setup_adc_ports(NO_ANALOGS);//全ポートデジタル設定
  setup_adc(ADC_CLOCK_DIV_32);

  //MSSP初期設定  SPIモード
  setup_spi(SPI_MASTER | SPI_SCK_IDLE_HIGH | SPI_CLK_DIV_16 | SPI_SS_DISABLED);

  //初期化
  spi_write(0x00);

  while(1){
    if(count==8){
      count=0;
      byou++;  //1秒をカウント
      if(byou<60) goto EX;

      keta[0]++;
      byou=0;
      if(keta[0]>=10){
        keta[1]++;
        keta[0]=0;
      }
      if(keta[1]>=6){
        keta[2]++;
        keta[1]=0;
      }
      if(keta[2]>=10){
        keta[3]++;
        keta[2]=0;
      }
      if(keta[3]>=2 && keta[2]==4){
        keta[3]=0;
        keta[2]=0;
      }
      if(input(PIN_C6)){
         voice();
      }
    }
    //時刻7seg表示
    EX:
    //時刻設定用ボタンルーチン(早送り)
    if(!input(PIN_A7)){
      keta[2]++;
      if(keta[2]>=10){
        keta[3]++;
        keta[2]=0;
      }
      if(keta[3]>=2 && keta[2]==4){
        keta[3]=0;
        keta[2]=0;
      }
      disp();
      byou=upsec;
    }
    if(!input(PIN_A5)){
      keta[0]++;
      if(keta[0]>=10){
        keta[1]++;
        keta[0]=0;
      }
```

```
      if(keta[1]>=6){
        keta[1]=0;
        keta[0]=0;
      }
      disp();
      byou=upsec;
    }

    //時刻設定用ボタンルーチン(コマ送り)
    if(!input(PIN_A6)){
      while(!input(PIN_A6)){
        disp();
      }
      keta[2]++;
      if(keta[2]>=10){
        keta[3]++;
        keta[2]=0;
      }
      if(keta[3]>=2 && keta[2]==4){
        keta[3]=0;
        keta[2]=0;
      }
      disp();
      byou=upsec;
    }
    if(!input(PIN_A4)){
      while(!input(PIN_A4)){
        disp();
      }
      keta[0]++;
      if(keta[0]>=10){
        keta[1]++;
        keta[0]=0;
      }
      if(keta[1]>=6){
        keta[1]=0;
        keta[0]=0;
      }
      disp();
      byou=upsec;
    }
    disp();
    if(!input(PIN_E3)){
      voice();
    }
  }
}
```

　このプログラムでは、時刻を「24時間表示」、音声も「24時間発音」にしてありますが、プログラムを多少変更することで、「12時間表示」や「12時間発音」も可能になるので、工夫してみてください。

＊

　「マイコンの内蔵クロック」は最速の「32MHz」(消費電力55mA)にしています。
　「4MHz」などのクロック設定でも動作しますが、時計の時刻は遅れ気味になります(消費電力は37mA程度)。

　いずれにしても、決して少ない電力ではないので、バッテリで運用するには、厳しいかもしれません。

「2000mAh」のバッテリで、1日半ぐらいしかもたないので、その場合は、①LEDに付けている「抵抗330Ω」を「1kΩ」にする、②通常はLED表示を消す——などの工夫が必要になります。

■「C言語」における、「文字列」の扱い方

プログラム言語においては、一般的に「数値」と「文字列」という2つの概念があり、さらにそれぞれに「変数」と「定数」があります。

「変数」はプログラム動作中でも変更ができるものであり、逆に「定数」は変更できません。

マイコンのプログラミングにおいて、「数値変数」は頻繁に扱うので、特に説明の必要はないと思います。

たとえば、次のように使います。

```
int data=58;//宣言時に初期化できる
   :
data = 105;//プログラムの途中で変更できる
```

           *

では、「文字列」の場合はどうでしょうか。

実は、C言語には「文字列変数」というものはありません。不思議に思われるかもしれませんが、それが実態です。
この点が、C言語を理解しにくい理由になっているのかもしれません。

次の例で説明します。

```
char str[]="kohgakusha";//文字配列を宣言するときに初期化できる
   :
str="mintaro";//プログラムの途中でこのような変更はできない
          //（もちろんstr[]="mintaro"; でもダメ！）
```

この例のように「文字列」を扱う場合は、1文字(正確には1バイトの数値)を扱う「char型」の配列を使うことになります。

そして、宣言時に初期化することはできますが、その後、プログラムの途中で、上のような記述はできません。
なぜならば、「str」は宣言時に確定する「アドレス定数」だからです。

では、現実にはどのようにするかと言うと、一般的には「文字列操作関数」を使って、
```
strcpy(str,"mintaro");
```
のように書きます。

実際の意味としては、

```
str[0]='m';
str[1]='i';
str[2]='n';
     :
str[6]='o';
str[7]='\0';
```

と記述したのと同様です。

ただ、このように書くのはとても面倒なので、「関数」を使うわけです。

「str[7]='\0';」という記述はとても大事で、文字列の最後には「\0」を入れるというルールがあるために必要になります。

ですから、今回のプログラムの中でも「ATP3011」に文字を送る際に、

```
while(voicechar[i]!='\0'){
     :
}
```

としているのは、何文字列あるか分からない文字列の最後まで送り切るためです。

＊

次に、文字列を「連結」することについて説明します。

まず、文字列を連結するプログラム例を示します。

```
char str1[]="kohgakusha";
char str2[]="mintaro";
char str3[18];
strcpy(str3,str1);//str3[18]の各要素にstr1の文字をコピー
strcat(str3,str2);//str3にコピーされたstr1の内容の次にstr2の内容を連結コピー
```

「str1[]」に「"kohgakusha"」という文字列、「str2[]」に「"mintaro"」という文字列を定義し、連結して「str3[18]」に「"kohgakushamintaro"」という文字列が格納されるようにしています。

このとき重要なことは、連結された結果、文字列の長さが「17文字列」になるということです。

ただし、必要な配列の数は「17」ではなく、「18」です。

なぜならば、「\0」が最後に入るからです。

そのため、一般的には、上のプログラムのように、ぴったりの「18」を配列として確保するのではなく、もう少し余裕をもってとることが多いです（たとえば、32など）。

この結果、「str3[18]」の各要素には、「"kohgakushamintaro"」という文字が格納され、「str3[17]」には「\0」も入ります。

> ※なお、「str3」の各要素は、「str3[0]」〜「str3[17]」までの18バイトであり、「str3[18]」は使えないので注意してください。

また、通常の「C言語」では、
```
strcpy(str3,str1);
strcat(str3,"mintaro");
```
のように、「strcat」の第2パラメータに定数的な表記が可能ですが、「CCS-C」においては、第2パラメータには定数的表現を許していないので、この部分に「const」指定した配列も、置くことができません。

これが理由で、メインプログラム中では、第2パラメータ部分にもってくる配列からは、「const」指定を外してあります。

*

このように、「C言語」において「文字列」を扱う場合は、「char型の1次元配列」を使う必要があります。

1つの文字列で「1次元配列」となるため、複数の文字列を扱いたい場合は、必然的に「2次元配列」となるわけです。

「音声合成」のプログラムを作るときは、「文字列」を扱うことが必須になるので、「ロボットを作って喋らせたい」などというときにも役立つよう、「C言語の文字列」の扱い方は、充分に熟知しておきましょう。

■ ケースの製作

ケースの製作には、加工が容易にできる「工作用紙」を使ってみます。

「工作用紙」では強度が足りないと思われがちですが、紙も重ね合わせることで充分な強度を得ることができます(段ボールがいい例)。

工作用紙

*

ケースを作る大きな流れとしては、図面をCADソフトなどで入力し、原寸大でプリントアウトして、「工作用紙」に貼りつけてカッターで切るだけです。

「7セグLED」や「スピーカー」など、切り抜く部分もカッターで容易に切ることができます。

次の図のように、実際に使う「7セグLED」「基板」「スピーカー」の大きさなどを考慮して、図面を描きます。

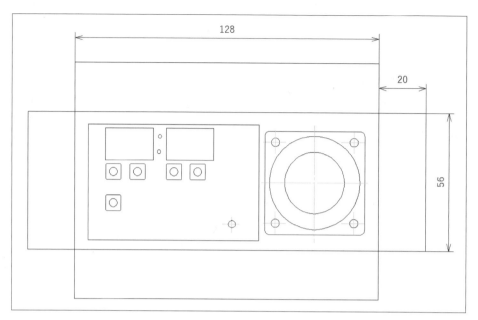

ケースの図面

　図面を書いたら、プリンタで2枚印刷して、「工作用紙」に貼りつけます。
　「工作用紙」を重ねる場合、最初に接着してしまうと、「スピーカー」や「7セグLED」などの「くり抜き」がやりづらくなるため、まず1枚ごとに「くり抜き」を行なってください。

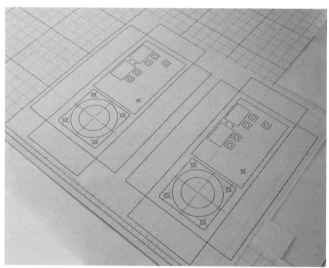

工作用紙に型紙を貼りつけ

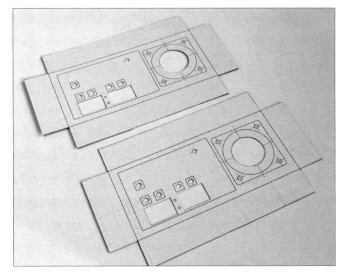

「切り取り」と「くり抜き」

　その後は、線に沿って軽くカッターで切り込みを入れ、折り曲げて角に木工用ボンドを塗り、接着します。
　その際、角は「セロファンテープ」で止めます。

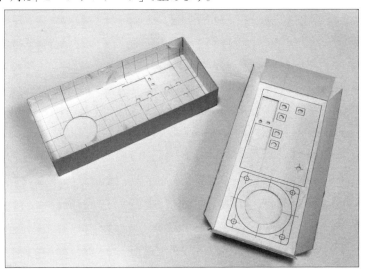

角を接着

　もう1枚は、同じように切り込みを入れても紙の厚みぶんだけ大きくなってしまうので、紙の厚さぶんだけ内側に切込みを入れます。
　そして、1つ目の箱の内側に入るかどうかを確かめてから、「スティックのり」を全面に塗って貼り合わせます。

第5章　音声時計

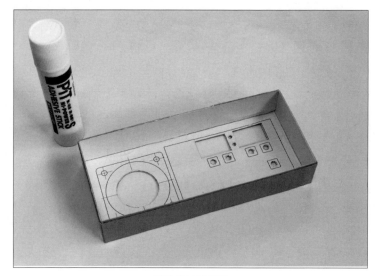

貼り合わせ完了

最後に、表面に「カッティングシート」などを貼れば、見栄えの良いケースの完成です。

■ 使い方

完成した「音声時計」は、次のような機能をもっています。

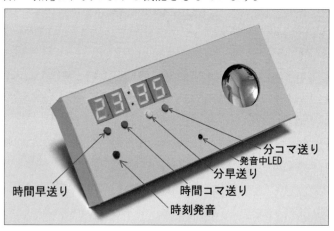

「音声時計」の各種機能

　電源を入れると時刻は「0：00」になっているので、4つの「タクト・スイッチ」で時刻を設定します。
　「タクト・スイッチ」は、「それぞれ時間の早送り／コマ送り」と「分の早送り／コマ送り」になっています。

　このほか、「E3ポート」に接続している「タクト・スイッチ」（茶色）は、時刻を音声で発音させるためのものです。
　また、「C6ポート」に接続している「スライド・スイッチ」は、時刻を「常時発声する設定」と「常時発音しない設定」の切り替えに利用します。

第6章 「リモコン」を修理してみよう

本章は、反応の悪くなった「リモコン」の修理方法について解説します。

普段使っている家電製品の中には、「本体はまだ使えるけど、リモコンの調子が悪い」という状況も少なくないはずです。

そのようなとき、新品を購入する前に"ダメもと"で、本書言うの内容を挑戦してみるといいでしょう。

■「リモコン」の重要性

どの家庭にも必ず1つはあるのが、「リモコン」です。

「テレビ」に限らず、「ビデオ」「エアコン」など、多くの電化製品は「リモコン」で操作します。

逆に言えば、「リモコン」が機能しなくなると、本体のある場所まで行って操作しなければならなくなり、最悪の場合、操作自体ができなくなることもあります。

特に、操作頻度の高い「テレビのリモコン」は、5年ぐらい経過すると極端に反応が悪くなる場合も珍しくありません。

その場合、代替品となる「リモコン」を購入することになりますが、価格は3,000円～6,000円ぐらいはするため、安い買い物とは言えないでしょう。

*

そこで、できるだけ安くすませるために、「リモコン」を自分で修理して、新品のときと同じような反応に戻すことに挑戦してみます。

修理に要する時間は「1.5～2時間」程度、用意する部品は「銅箔シール」のみです。

■ 経年とともに「リモコン」の反応が悪くなる理由

そもそも、なぜ年月が経つと「リモコン」の反応が悪くなるのでしょうか。

「電池切れ」かと思って、電池を新品のものと入れ替えても、一向に良くなる気配がないということを体験した人もいるのではないでしょうか。

*

まず、「リモコン」の各ボタンには、ほとんどの場合、ゴムの表面に「導電性のある材料」が塗ってあります。

この「導電性のあるゴム」の表面が、ボタンを押した拍子に基板に触れることで、接点をオンにするという仕組みになっているのです(導電性があると言っても、数kΩ～数10kΩ程度の抵抗値があります)。

そして、この導電性が経年変化とともに削り落ちてなくなっていくために、接触し

第6章 「リモコン」を修理してみよう

ても導通しなくなり、結果として機能しなくなっているわけです。

…ということは、「導電性のある薄い金属」をゴムの表面に貼れば、何の問題もなく復活するはずです。

■ ゴムに貼る「金属」と、その方法

導電性を失ったゴムに貼る「金属」として身近にあるのが、どの家庭にもある「アルミホイル」です。

しかしながら、「何で貼るか」という問題があります。

筆者もいろいろな接着剤で試してみましたが、すぐに剥がれてしまうだけでなく、それが基板の接点に残ったままになって、他のボタンも機能しない、信号が出続けて電池がすぐになくなる、などの問題が発生しました。

*

いろいろと解決策を考えていたところ、秋月電子通商から、「銅箔粘着テープ」という製品が販売されているのを見つけました。

厚さは「0.07mm」とかなり薄く、「粘着テープ」が付いているのでボタンのゴムに貼るだけ。価格も、「10×20mm」で650円と、手ごろです。

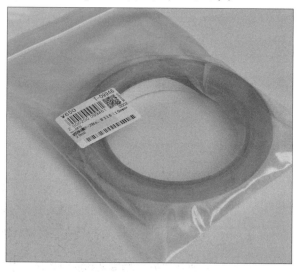

銅箔粘着テープ「No.831S」

また、素材は「銅」なので、抵抗値は「1Ω未満」(テスターでは測れない)です。

もちろん、経年変化で「銅箔」の表面も錆びますし、粘着力がどの程度持続するかなども未知数です。

ですが、とりあえず「リモコン」を捨てる前に修理してみることにしました。

■ 修理する

では、さっそく修理してみましょう。

> ※言うまでもありませんが、この方法は、ボタンの接触不良のみを修理するもので、基板回路などが壊れている場合には無効な方法です。
> また、あくまでも、「修理がうまくいかなくても、何の後悔もない」という場合にのみ、行なってください。

まず、「リモコン」のカバーを取り外します。

たいていの「リモコン」はハメ込みで作られており、「固定ねじ」はないはずですが、「ねじ」で固定されている場合は、その「ねじ」を外します。

こじ開けるとハメ込みのツメが破損することがありますが、「このリモコンはどうせ捨てられる運命」と割り切ってください。

ツメが折れても、接着剤などを使えば元通りにはなるので、そう心配することもないでしょう。

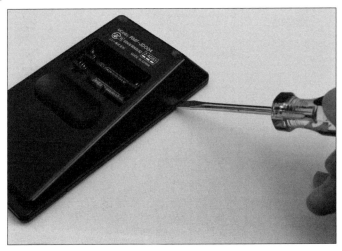

マイナスドライバーでこじ開ける

ケースをこじ開けたら、水に「食器用の洗剤」を少し混ぜたものを「綿棒」に染み込ませて、「基板の接点部分」と「ゴムの接点部分」をていねいに掃除します。

掃除したあとは、「乾いた綿棒」で水分が残らないように拭き取ってください。

この掃除をていねいに行なっておかないと、いくら「銅箔粘着テープ」を貼って修理しても、いい結果は得られません。

第6章　「リモコン」を修理してみよう

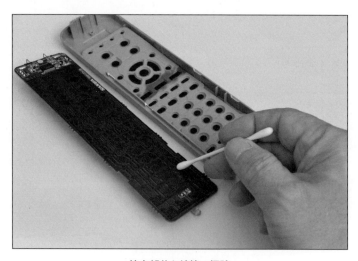

接点部分を綿棒で掃除

　あとは「ゴムの接点部分」に「銅箔粘着テープ」を適当な大きさに切って、貼るだけです。
　粘着力を強くするためにも、できるだけ大きく切ったほうがいいでしょう。

　なお、銅表面には「透明の保護シール」が貼ってあるので、それは必ず剥がしてください。

　また、「銅箔粘着テープ」の粘着側の部分には、絶対に手を触れないようにしましょう。手の油のせいで、粘着力が極端に落ちてしまうためです。
　「銅箔粘着テープ」を貼る際は、必ずピンセットを使ってください。

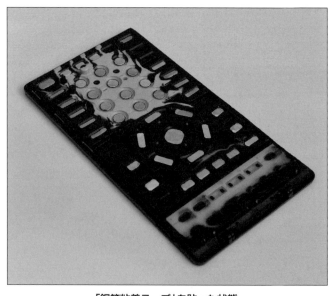

「銅箔粘着テープ」を貼った状態

「銅箔」は薄いので、普通のハサミで簡単に切ることができます。

また、「丸ボタン」の部分は「打ち抜き用ポンチ」を使うと、きれいに切り取ることが可能です。

「打ち抜き用ポンチ」には、6mm、8mmなどいろいろな大きさのものがあるので、適当なものをホームセンターで購入してください。価格は200円～300円程度です。

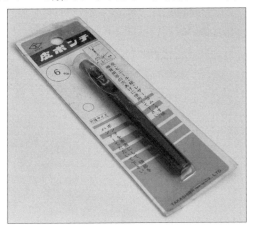

6mm打ち抜き用ポンチ

「打ち抜き用ポンチ」を使う場合は、木板の上に「銅箔粘着テープ」を置き、「ポンチ」を上から押し当てます。

手で強く押す程度でも、簡単に切り抜くことができます。

木板の上で「ポンチ」を押し当てて切り抜く

場合によっては使わないボタンもあると思いますが、そのような部分には無理に貼る必要はありません。

■ 修理後に使ってみる

修理が終わったらケースを元に戻し、電池を入れます。

電池切れでないことを確認するために、電池の電圧はテスターで必ず測定しましょう。
あとは修理が上手くいったか、実際に使って試してみてください。

結果としては、「こんなにボタンを軽く押しても機能するんだ」というのが率直な感想です(これまで、どれだけ強い力で押していたか…)。
「銅箔粘着テープ」の効果が、いかにあるのかが分かりました。

＊

このようにわずかな部品さえあれば、簡単にリモコンの修理ができます。
特別な知識も必要なく、新品のリモコンへの出費も抑えられるので、似たような状況になったら、ぜひ一度挑戦してみてはいかがでしょうか。

第7章 プログラマブル・タイマー

　手軽に使えて、「実験」や「実験回路のビデオ撮影」に便利な、「プログラマグル・タイマー」を作ってみましょう。
　「電源が入るまでの時間」と「電源が入ってから継続する時間」を独立して設定できます。
　また、タイマー回路を駆動するための「バッテリ」の電圧をチェックする機能をもち、外部の機器とシンクロする端子を搭載してみます。

■「プログラマブル・タイマー」の特徴

　ここで作る「プログラマブル・タイマー」の特徴を、以下に挙げます。

- 「STARTボタン」を押してから、電力が出力されるまでの時間を「1秒単位」(0～999秒)で設定可能。
- 電力が出力されてから、切断するまでの時間を「1秒単位」(0～999秒)で設定可能。
- 「7セグメントLED」を利用し、ある程度離れたところからでも表示が確認できる。
- 他の機器とシンクロするための端子を搭載。
- 出力は、「7.2V」と「5V」(レギュレータ出力)の2つ。
- 時間設定は、独立した8つのボタンで操作。

　また、製作費用は、「ニッケル水素電池」や「ケース」を含めて、2,300円程度です。

プログラマブル・タイマー

第7章 プログラマブル・タイマー

■ 回路図と部品表

回路図と部品表を示します。

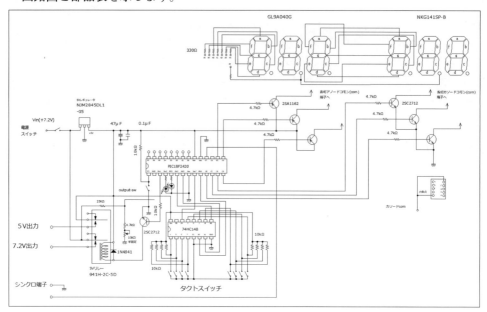

「プログラマブル・タイマー」の回路図

「プログラマブル・タイマー」の部品表

部品名	型番など	数量	単価(円)	金額(円)	主な購入店舗
CPU	PIC18F2420	1	280	280	秋月電子
NPNトランジスタ	2SC2712	4	5	20	〃
PNPトランジスタ	2SA1162	3	5	15	〃
ダイオード	1N4148	1	2	2	〃
5Vレギュレータ	NJM2845DL1-05	1	50	50	〃
CPUソケット	28ピン	1	70	70	〃
デコーダ	74HC148	1	76	76	樫木総業
7セグメントLED（アノード）	GL9A040G	3	15	45	秋月電子
7セグメントLED（カソード）	NKG141SP-B	3	100	300	〃
抵抗	4.7kΩ 1/6W	7	1	7	〃
抵抗	10kΩ 1/6W	10	1	10	〃
抵抗	120Ω 1/6W	8	1	8	〃
抵抗	330Ω 1/6W	2	1	2	〃
抵抗	22kΩ 1/6W	50	1	50	〃
半固定抵抗	10kΩ	1	50	50	〃
積層セラミックコンデンサ	0.1μF	1	4	4	〃
電解コンデンサ	47μF	1	10	10	〃
ユニバーサル両面基板	95×72mm	1	200	200	〃

5V小型リレー	941H-2C-5D	1	90	90	〃
2.1mmDCジャック	2DC-G213-D42	2	80	160	〃
タクト・スイッチ	赤、緑、青、黄（各2個）	8	10	80	〃
プッシュ・スイッチ	LED付き MP86A1W1H-G	1	100	100	〃
トグル・スイッチ	2p or 3p	1	80	80	〃
緑　LED		1	10	10	〃
ニッケル水素バッテリ	HHR-P104	2	150	300	〃
ケース	タカチSW-100	1	240	240	マルツパーツ
			合計金額	2,259	

　CPUには、「PIC18F2420」を使っています。

　また、「7セグメントLED」も利用していますが、「赤」と「緑」で表示している秒数の意味を分けたかったので、「アノードコモン」と「カソードコモン」が混在しています（本来ならば、どちらかに統一したほうがよい）。
　もし、どちらかのコモンに統一する場合は、「トランジスタ」や「プログラム」を変更して作ってください。

　この他、時間設定部分に「タクト・スイッチ」を8つ使っているので、「74HC148」（プライオリティ・エンコーダ）を利用しました。
　これを使うことで、押されたボタンを「3ビット＋1ビット」（計4ビット）で検知でき、CPUのI/Oポートを節約できます。

　さらに、先述した特徴でも挙げましたが、バッテリの残量をチェックする目的で、電源投入時に「バッテリ電圧」を表示するようにします。

　タイマーとして機能する機器ですが、「内蔵クロック」を利用し、「外部クオーツ」は使っていません。
　そのため、「1秒」でダウンカウントしますが、時計の1秒ほど正確ではありません。
　もし、正確に1秒を刻みたいときは、外部に「クリスタル」を入れて使うといいでしょう。
　ただし、その場合はポートを2つ使うので、工夫してみてください。

第7章　プログラマブル・タイマー

■ 基板寸法

「ユニバーサル基板」(両面)の寸法は、次の図面の通りです。

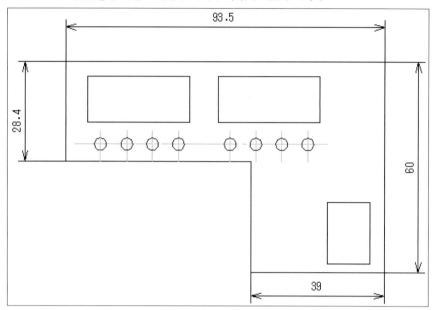

「ユニバーサル基板」の寸法

この基板を写真のように、タカチ製のケース「SW-100」(W65×H35×D100mm)に収めます。

■ 部品の実装

「両面ユニバーサル基板」を使い、次の画像のように、各パーツを裏表に実装していきます。

「両面ユニバーサル基板」にパーツを実装

コンパクトに作ろうとしたため、かなり高密度になってしまいましたが、ケースを大きめにして、余裕をもって実装してもいいでしょう。

■ 利用する「バッテリ」

利用する「バッテリ」は、秋月電子通商で販売されている、1個150円の「ニッケル水素バッテリ」です。

これを2個背中合わせに接着し、端子に直接ハンダ付けして直列にします。

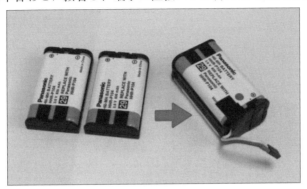

2個で300円のバッテリ

容量も「830mAh」なので、実験で使うには充分な容量です。

■ ケースの加工

ケースには、市販の「プラスチックケース」を使いました。
「プラスチックケース」は、価格が安いことと、加工がしやすいのが特長です。

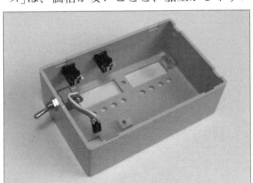

ケースを加工したところ

ケースに入れて完成

第7章 プログラマブル・タイマー

■ プログラム

次に、プログラムを示します。

「CCS-C」コンパイラ用のC言語で記述していますが、特別な記述は多くはないので、他のコンパイラでも多少の変更で使えます。

「プログラマブル・タイマー」のプログラム

```c
#include <18F2420.h>
#device ADC=10  //アナログ電圧を分解能10bitで読み出す

#fuses INTRC_IO,NOWDT,NOPROTECT,NOBROWNOUT,PUT,NOMCLR,NOCPD,NOLVP
#fuses IESO,NOFCMEN,BORV45,NOBROWNOUT,PUT
#fuses NOWDT,WDT32768
#fuses NODEBUG,NOLVP,NOSTVREN,NOCPB
#fuses NOWRT,NOWRTD,NOWRTB,NOWRTC,NOEBTR,NOEBTRB
#use delay (clock=8000000)//クロック8MHz
#use fast_io(A)
#use fast_io(B)
#use fast_io(C)
#use fast_io(E)


int keta[6]={0},amari,count;
int sw=0,st_bt,pu=1;
            //st_bt:1:active pu:外部シンクロ用ポート（C7）値 1がOFF 0でON
//sw 0:待機 sw 1:タイマースタート

#int_timer1 //タイマー1割込み処理
void timer_start(){
   count++;
}
void data_in(long *v)
{
   int i;
   //各桁の数字をketa[]に入れる
   for(i=0;i<2;i++){
     keta[i*3+2]=v[i]/100;
     if(keta[i*3+2]==0) keta[i*3+2]=10;//3桁目のゼロサプレス機能
     amari=v[i] % 100;
     keta[i*3+1]=amari/10;
     if(keta[i*3+1]==0 && keta[i*3+2]==10) keta[i*3+1]=10;
                                   //2桁目のゼロサプレス機能
     keta[i*3]=amari%10;
   }
}
void disp(int d)
{
   int seg[11]={0x3f,0x06,0x5b,0x4f,0x66,0x6d,0x7d,0x07,0x7f,0x67,0x0};
   int tr_drv[7]={0x39,0x3A,0x3c,0x30,0x28,0x18,0x38};
   int i;
   //7seg表示

   for(i=0;i<3;i++){
     if(i==1 && d==1) output_b(seg[keta[i]] | 0x80);//小数点表示
     else output_b(seg[keta[i]]);
     output_c(tr_drv[i] | pu<<7);
     delay_ms(2);
   }
   for(i=3;i<6;i++){
     if(i==4 && d==1) output_b(~(seg[keta[i]] | 0x80));//小数点表示
     else output_b(~seg[keta[i]]);
     output_c(tr_drv[i] | pu<<7);
```

```c
      delay_ms(2);
    }
    output_c(tr_drv[6] | pu<<7);
    delay_us(500);
}
void outsw(void)
{
  //OUT-SWの値を読む
    if(!input(PIN_E3)){
      while(!input(PIN_E3)){
        disp(0);
      }
      if(!sw){
        st_bt = 1;
        output_high(PIN_A2);//push-sw LED 赤 ON
        count=0;
        enable_interrupts(INT_TIMER1);
        enable_interrupts(GLOBAL);
      }
      if(sw){
        st_bt = 0;
        output_low(PIN_A2);//push-sw LED 赤 OFF
        output_low(PIN_A3);//power ON LED OFF 2色LEDの緑
        output_low(PIN_A1);//リレー OFF
        pu=1;//外部シンクロoff
        disable_interrupts(INT_TIMER1);
        disable_interrupts(GLOBAL);
      }
      sw++;
      sw%=2;
    }
}
void main()
{
    long t_value[2]={0};
    int i,e_data;//e_data:エンコーダからのデータ値
    setup_oscillator(OSC_8MHZ);
    set_tris_a(0xf1);//A1,A2,A3は出力設定
    set_tris_b(0x00);//B0～B7出力設定
    set_tris_c(0x00);//C0～C7出力設定
    set_tris_e(0xf);//E3入力

    setup_adc_ports(AN0);//AN0のみアナログ入力に指定
    setup_adc(ADC_CLOCK_DIV_32);//ADCのクロックを1/32分周に設定

    //割り込み設定
    SETUP_TIMER_1(T1_INTERNAL | T1_DIV_BY_1);
    set_timer1(0); //initial set


    output_low(PIN_A2);//push-sw 赤LED OFF
    output_low(PIN_A3);//power ON LED ON 2色LEDの緑
    output_low(PIN_A1);//リレーOFF
    pu=1;//外部シンクロoff

    //電源投入時に1回だけの電圧の測定
    set_adc_channel(0);//バッテリの電圧を読む
    delay_us(20);
    t_value[0] = read_adc()/4;
    data_in(t_value);
    for(i=0;i<128;i++){
      disp(1);//引数1は、小数点を表示させる
    }
    t_value[0]=0;
```

第7章 プログラマブル・タイマー

```c
    data_in(t_value);
  while(1){
    outsw();//出力ボタンの検知
    if(st_bt){
      if(count>30 && t_value[1]>0){
        count=0;
        t_value[1]--;
      }
      if(t_value[1]==0){
        output_high(PIN_A3);//power ON LED ON 2色LEDの緑
        output_high(PIN_A1);//リレー ON
        pu=0;//外部シンクロON
        if(count>30){
          count=0;
          if(t_value[0]>0) t_value[0]--;
          if(t_value[0]==0){
            output_low(PIN_A2);//push-sw LED 赤 OFF
            output_low(PIN_A3);//power ON LED OFF 2色LEDの緑
            output_low(PIN_A1);//リレー OFF
            pu=1;//外部シンクロoff
            st_bt = 0;
            sw++;
            sw%=2;
          }
        }
      }
      data_in(t_value);
    }
    else{
      while(!input(PIN_A7)){
        e_data = input_A()>>4 & 0x7;
        switch(e_data){
          case 0:t_value[1]=0;break;
          case 1:t_value[1]++;t_value[1]%=1000;break;
          case 2:t_value[1]++;t_value[1]%=1000;
            data_in(t_value);
            while(!input(PIN_A7)){
              disp(0);
            }
            break;
          case 3:if(t_value[1]>0) t_value[1]--;
            else t_value[1]=999;break;
          case 4:t_value[0]=0;break;
          case 5:t_value[0]++;t_value[0]%=1000;break;
          case 6:t_value[0]++;t_value[0]%=1000;
            data_in(t_value);
            while(!input(PIN_A7)){
              disp(0);
            }
            break;
          case 7:if(t_value[0]>0) t_value[0]--;
            else t_value[0]=999;
        }
        data_in(t_value);
        disp(0);
      }
    }
    disp(0);//引数は0、小数点を表示させない
  }
}
```

「タイマー」なので、「タイマー1割り込み」を使って、1秒で「ダウンカウント処理」を

行なっています。

また、「エンコーダ」を使ったので、タイマー設定値の各ボタン8個のいずれかが押されたときの処理が、非常に分かりやすく記述できています。

■ 使い方

まず、右横の「電源スイッチ」を入れると、右側の「緑の7セグメントLED」に1秒ほど、「バッテリの電圧」を表示します。これで、バッテリの消耗状態をチェックできます。

「7.0V」を下回っていたら、充電したほうがいいでしょう。

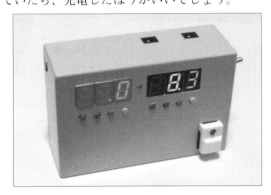

バッテリ電圧の表示(ここでは「8.3V」)

各ボタンの機能は、次の通りです。

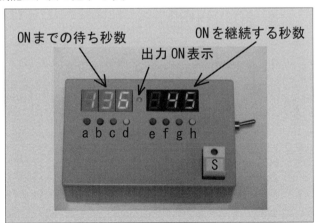

各種ボタンの配置

(a)出力がONまでの待ち秒数を、「0リセット」する
(b)出力がONまでの待ち秒数を、高速で「+」に送る
(c)出力がONまでの待ち秒数を、1秒単位で「+」に送る
(d)出力がONまでの待ち秒数を、高速で「-」に送る
(e)出力がOFFまでの待ち秒数を、「0リセット」する
(f)出力がOFFまでの待ち秒数を、高速で「+」に送る
(g)出力がOFFまでの待ち秒数を、1秒単位で「+」に送る
(h)出力がOFFまでの待ち秒数を、高速で「-」に送る

第7章　プログラマブル・タイマー

　以上の機能を使って、それぞれの時間をセットしてから「Sボタン」を押すと、ボタンのLEDが点灯し、タイマーがスタートします。
　先ほどの画像の設定では、「136秒後」に出力がONになり（出力ONを示すLEDが点灯）、その後、「45秒」でOFFになります。

　また、タイマーの起動中にもう一度「Sボタン」を押すと、中断することができます。
＊
　出力は、次の画像のように背面の「DCジャック」から出力されます。
　バッテリそのものの電圧（7.2V）と、レギュレーションした「5V」の2つが出力できるように「DCジャック」は独立して付けました。

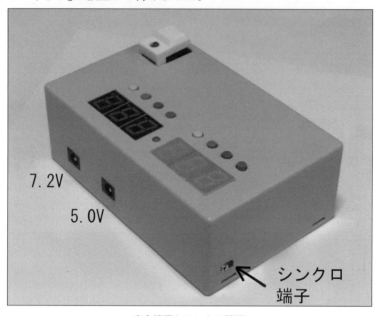

出力端子とシンクロ端子

　また、外部機器との同期を取るための「シンクロ端子」も設けています。
　この「シンクロ端子」は、CPUの「C7ポート」と「グランド」の2端子を出力するものです。

　「C7ポート」からは、「DCジャック」への出力がONになっているときは「負論理」（－）、出力がないときは「正論理」（＋）になります。

■「AC100V機器」のON/OFF

　この「プログラマブル・タイマー」では、主電源の「7.2V」と、レギュレーションした「5V」の2つの出力が、設定した時間でON/OFFできます。

　もし、「AC100V」の機器を接続したいときは、「5V」の出力に直接、次の画像のように「5Vのパワーリレー」を接続します。

　これでリレーの接点の許容範囲であれば、AC機器でもON/OFFが可能です。

　ただし、「AC100V」を扱うときは、誤配線などがないように充分に注意してください。

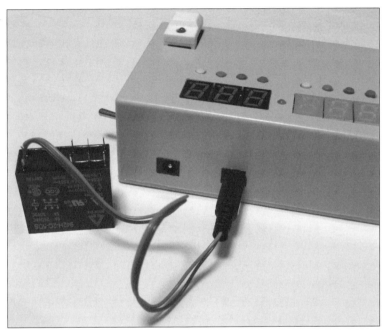

外部に「5Vパワーリレー」を付ける

第8章 デジタル電圧計

本章では、「7セグメントLED」にデジタルで電圧を表示し、さらに16個のLEDで電圧に比例する「バー・グラフ」を付けた「デジタル電圧計」を作ってみます。
デジタル表示に加えて、「バー・グラフ」があると、見た目も一段と良くなるので、ぜひ作ってみてください。

■「デジタル電圧計」の概要

本章で作る「デジタル電圧計」は、バッテリを内蔵した「直流電源器」(0～18.5V可変)の電圧表示用に使えるものです。
電圧に比例して、「バー・グラフ」が伸び縮みします。

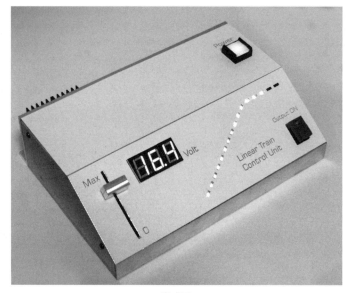

完成品

電圧のコントロール自体は、秋月電子通商で扱っている「実験室用安定化電源キット」(1,500円)を利用します。
このキットでは、電圧を「半固定抵抗」で変えることができるようになっていますが、それでは実用的ではないので、その部分から線を引いて、「スライド・ボリューム」に接続しています。

さらに、このキットに、電圧を「7セグメントLED」で表示する部分と、16個のLEDで「バー・グラフ」を表示する部分を、独自に製作した回路として加えています。

■ 回路の仕組み

「バー・グラフ」は16個のLEDを使って、「車のスピードメータ」のような表現してみます。

制御するICとしては、「LM3914N」などがありますが、1個のICでは、10個のLEDまでしか対応できません（ただし、「カスケード接続」で、対応するLEDの数は増やせます）。

そこで、「4 to 16ライン」のデコーダである「74HC154」と「マイコン」を組み合わせて作ってみることにします。

この、「74HC154」という「TTL」の機能は、4ビットの信号（0～15）を入力すると、その数に対応した「Y0～Y15」に負論理（−）の信号が出てくるという、単純な機能をもっています。

次の図で、その様子を見ていきます。

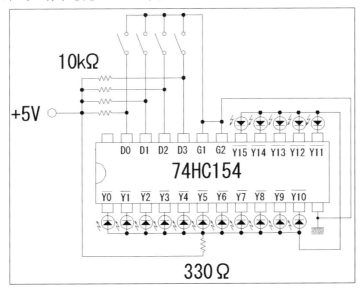

回路図

この回路図において、「D0～D3」にはスイッチが4つ付いています。
このスイッチの組み合わせで、「0～15」の数値を2進数で入力します。

「D0」が下位ビットで、「D3」が上位ビットです。
たとえば、「3」を入力したければ、「D0」と「D1」をOFFに、「D2」「D3」をONにします。
スイッチを開放した状態で正論理になるので、「Y3」に接続されているLEDだけが点灯します。

また、「Y11」に接続されているLEDを点灯させたければ、「D0」と「D1」と「D3」をOFF、「D2」をONにすればいいわけです。

ただし、「Y4」と「Y5」を同時に点灯させることはできません。
同時に複数のY端子に、「負論理」の信号を出すことはできないためです。
同時に複数のLEDが点灯することがないので、抵抗は1本しか付けていません。

＊

でも、それでは「バー・グラフ」など作れません。
しかし、マイコンを使えば、そのようなものを作ることができてしまうのです。
これには、「ダイナミック表示」の考え方を使います。

この「バー・グラフ」では、電圧によって、たとえば、「Y0～Y5」までのLEDを点灯させたり、「Y0～Y10」までのLEDを点灯させることで、「バー・グラフ」を表現します。
これに「ダイナミック表示」の考え方を適用して、まず、「Y0」を点灯させます。
以下、点灯させる時間は、いずれも「1/2000」秒程度にして、次に「Y1」を、次に「Y2、Y3、Y4、Y5」と順次点灯させていき、「Y5」の次は再び「Y0、Y1……」と繰り返すわけです。

点灯させている時間が短いですが、それを繰り返すので、人間の目には、残像現象によって、あたかも対応するすべてのLEDが点灯しているよう見えます。

これをプログラムで表現してやれば、「74HC154」を使って、「バー・グラフ」を簡単に作ることができるわけです。

■ 回路図と部品表

回路図と部品表を示します。

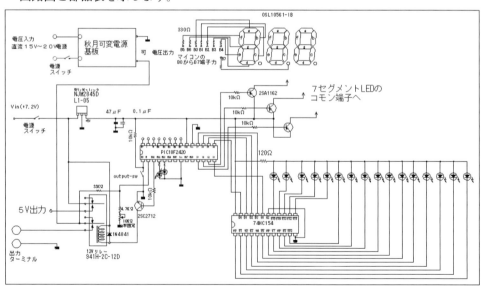

「デジタル電圧計」の回路図

「デジタル電圧計」の部品表

部品名	型番など	数量	単価(円)	金額(円)	購入先
マイコン	PIC18F2420	1	280	280	秋月電子
丸ピンICソケット（28ピン）		1	70	70	〃
5Vレギュレータ	NJM2845DL1-05	1	50	50	〃
アノードコモン7セグメントLED（青）	OSL10561-IB	3	100	300	〃
半固定ボリューム	10kΩ	1	50	50	〃
NPNトランジスタ	2SC2712	1	5	5	〃
PNPトランジスタ	2SA1162	3	5	15	〃
TTLデコーダ	74HC154	1	90	90	樫木総業
LED〔青色四角〕	OSB5XA7DA4B-GH	16	7.5	120	秋月電子
ダイオード	1N4841	1	10	10	〃
抵抗	120Ω	1	1	1	〃
抵抗	330Ω	10	1	10	〃
抵抗	33kΩ	1	1	1	〃
抵抗	4.7kΩ	1	1	1	〃
抵抗	1kΩ	1	1	1	〃
抵抗	10kΩ	5	1	5	〃
積層セラミックコンデンサ	0.1μF	1	4	4	〃
電解コンデンサ	47μF　25V	1	20	20	〃
押しボタンスイッチ(LED付)	MP86A1GN3H-G	1	100	100	〃
2色(赤・緑)LED		1	30	30	〃
ターミナル(黒)		1	70	70	〃
ターミナル(赤)		1	70	70	〃
電源スイッチ		1	80	80	〃
ユニバーサル両面基板	P-00190(95×72mm)	1	200	200	〃
5〜12Vパワーリレー	942H-2C-5(12)DS	1	150	150	〃
スライド・ボリューム	10kΩ　B型(60mm)	1	100	100	鈴商
実験室用安定化電源キット	K-00202	1	1,500	1,500	秋月電子
			合計金額	3,333	

「バー・グラフ」は、「可変直流電源器」の電圧表示に利用しています。

また、マイコンには「PIC18F2420」を使いました。
　値段が安く（280円程度）、内蔵クロックを持っているので、「レゾネータ」を付けなくてすみます。
　なお、ポートに空きがあるので、「レゾネータ」の必要な「PIC16F873A」なども使えるでしょう。

　今回は、「7セグメントLED」にアノードコモンのものを使いましたが、カソードコモンのものにするときは、回路図にある「2SA1162」を、「2SC2712」などの「NPN型」のトランジスタに変えて、プログラムもカソードコモン用に変更してください。

■ プログラム

プログラムは以下の通りです。

「デジタル電圧計」のプログラム

```c
#include <18F2420.h>
#device ADC=10  //アナログ電圧を分解能10bitで読み出す

#fuses INTRC_IO,NOWDT,NOPROTECT,NOBROWNOUT,PUT,NOMCLR,NOCPD,NOLVP
#fuses IESO,NOFCMEN,BORV45,NOBROWNOUT,PUT
#fuses NOWDT,WDT32768
#fuses NODEBUG,NOLVP,NOSTVREN,NOCPB
#fuses NOWRT,NOWRTD,NOWRTB,NOWRTC,NOEBTR,NOEBTRB
#use delay (clock=16000000)//クロック8MHz
#use fast_io(A)
#use fast_io(B)
#use fast_io(C)
#use fast_io(E)

int keta[3]={0},amari,count;
int sw=0,st_bt,pu=1;
            //st_bt:1：active pu：外部シンクロ用ポート(C7) 値 1がOFF 0でON
   //sw 0：待機 sw 1：出力ON

#int_timer1 //タイマー1割込み処理
void volt_read(){
   count++;
}
void data_in(long v)
{
   int i;
   //各桁の数字をketa[]に入れる
   keta[2]=v/100;
   if(keta[2]==0) keta[2]=10;//3桁目のゼロサプレス機能
   amari=v % 100;
   keta[1]=amari/10;
   keta[0]=amari%10;
}
void disp(int lebel)
{
   int seg[11]={0x3f,0x06,0x5b,0x4f,0x66,0x6d,0x7d,0x07,0x7f,0x67,0x0};
   int i,drv;
   //7seg表示
   drv=1;
   for(i=0;i<3;i++){
      output_b(~seg[keta[i]]);
      output_c(~drv);
      delay_us(500);
      drv<<=1;
   }
   for(i=0;i<=lebel;i++){//16Lebel-LEDの点灯
      output_c((i<<4) | 0x7);
      delay_us(500);
   }
   output_high(PIN_C3);//HC154 disabel
   for(i=0;i<15-lebel;i++){//16Lebel-LEDの明るさの調整
      delay_us(500);
   }
}
void outsw(lebel)
{
```

```c
    //OUT-SWの値を読む
    if(!input(PIN_E3)){
      while(!input(PIN_E3)){
        disp(lebel);
      }
      if(!sw){
        output_high(PIN_A3);//push-sw LED ON
        output_high(PIN_A1);//リレー ON
      }
      if(sw){
        output_low(PIN_A3);//push-sw LED OFF
        output_low(PIN_A1);//リレー OFF
      }
      sw++;
      sw%=2;
    }
}
void main()
{
  long v=0,value;
  int i,lebel;
  setup_oscillator(OSC_16MHZ);
  set_tris_a(0x01);//A0以外は出力設定
  set_tris_b(0x00);//B0～B7出力設定
  set_tris_c(0x00);//C0～C7出力設定
  set_tris_e(0xf);//E3入力

  setup_adc_ports(AN0);//AN0のみアナログ入力に指定
  setup_adc(ADC_CLOCK_DIV_32);//ADCのクロックを1/32分周に設定

  //割り込み設定
  SETUP_TIMER_1(T1_INTERNAL | T1_DIV_BY_1);
  set_timer1(0); //initial set
  enable_interrupts(INT_TIMER1);
  enable_interrupts(GLOBAL);

  output_low(PIN_A3);//push-sw 赤LED OFF
  output_low(PIN_A1);//リレーOFF
  pu=1;//外部シンクロoff
//---------------------------------------------
  lebel=0;
  while(1){//dot Lebel meter check1
    if(count>2){
      count=0;
      lebel++;
      if(lebel>15) break;
    }
    data_in(v);
    disp(lebel);
  }
  lebel--;
  while(1){//dot Lebel meter check2
    if(count>1){
      count=0;
      lebel--;
      if(lebel==0) break;
    }
    disp(lebel);
  }
//---------------------------------------------
  while(1){
    outsw(lebel);//出力ボタンの検知
    if(count>8){//約0.2秒に1回の電圧の測定
      count=0;
```

第8章　デジタル電圧計

```
            set_adc_channel(0);//電源器の電圧を読む
            delay_us(20);
            value = read_adc();
            v = value/4;
            lebel = value/50;//<<ドット数の調整
        }
        data_in(v);
        disp(lebel);
    }
}
```

　本来、同時には1つのLEDしか点灯させることのできない「HC154」を使って、見掛け上の全点灯を実現するためのプログラムになっています。

　また、電源を入れたあとは、演出として「バー・グラフ」が一度だけ、最低表示から最高表示にグラフが伸びるようにしています。

■ 完成後の調整

　電源を入れて、出力されている電圧が正しく表示されるように、10kΩの「半固定抵抗」を回します。
　また、電圧に対する「バー・グラフ」のドット数については、プログラムで調整します。

　具体的には、プログラムの「下から6行目」の、
```
lebel = value/50;//<<ドット数の調整
```
の行で、「value/50」の「50」を大きくすると、電圧に対してドット数は減り、小さくするとドット数は増えます。

第9章 マイコンで「ラジコンサーボ」を制御

　最近のラジコン（無線操縦）を使った模型は、いわゆる「サーボ」と呼ばれるパーツが使われること非常に多くなっています。これを利用して、「2足歩行ロボット」なども作られるようになりました。
　そこで、ここでは、この「サーボ」をマイコンで制御して使う例を紹介します。

■「サーボ」とは

　まず始めに、「サーボ」とはどのようなものかについて説明します。
＊
　「サーボ」は次の画像のように、形はほとんど同じですが、さまざまな大きさのものが売られています。
　四角形の本体の上部に「回転する軸」が付いていて、そこに「腕」のパーツを付けて使います。

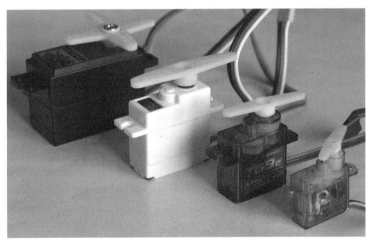

サーボ

　「軸」は、一般的な「モータ」のように連続的に回転するのではなく、最大「約180度」と、一定の範囲内だけ回転します。

　このことから、「連続的に回転」するのではなく、「任意の回転位置で止めることができる」という表現のほうが適切かもしれません。
　任意の位置で止められるので、「飛行機」ならば「尾翼を曲げる」、「車」なら「ステアリングを切る」といった目的で使います。
＊

第9章　マイコンで「ラジコンサーボ」を制御

また、「2足歩行ロボット」では、腕や脚の「関節」に、この「サーボ」を使うことで、「ロボット」としての動きを作り出すことができます。

なお、最近まで、「サーボ」を「2足歩行ロボット」の関節に使うというようなアイデアはありませんでした。

つまり、この「サーボ」は応用範囲が広く、これからも思いもよらないことに使われる可能性を秘めています。

＊

軸の「回転トルク」(回転の力)は、「サーボ」本体が大きいほど強くなります。
また、「サーボ」の大きさに関係なく、電源は「5～7V」程度です。

＊

「サーボ」の価格は、1万円以上もするものも珍しくありませんが、300円という安価なものもあります。

これは、「2足歩行ロボット」のように、「サーボ」を何十個も使うような場合は、ロボット全体の製作費用を抑えるという点で、貴重です。

■「サーボ」をコントロールするための信号

「サーボ」は、通常の「直流モータ」のように電池をつなげば回転するということはなく、簡単に使うことはできません。

「サーボ」を制御するには、「サーボ」本体から出ている3本の線の1つに、ある信号を送り込む必要があります(他の2つの線は、電源の「＋」と「－」)。

その信号は、次の画像のような「矩形波」のパルスです。
(この波形は、実際にラジコンのレシーバ(KR407S)から取り出したものです)。

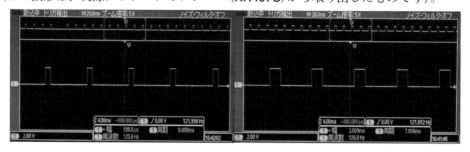

サーボの制御信号(矩形波)　左:1ms、右:2ms

このパルス幅を変化させることで、「サーボ」の回転軸の角度が決まります。
メーカーや大きさに関係なく、どの「サーボ」でも同じようにコントロールが可能です。

オシロスコープで測定すると、左の矩形波の幅は約「1ms」、右の矩形波の幅は約「2ms」で、周期はいずれも約「8m」となっています。

※「周期」とは、矩形波の1山から次の1山までの時間。「1000÷周期」が周波数となる。

この周期は、これまでの多くのレシーバでは、「15ms」のものが主流だったと記憶しています(「RX-331S」の波形)。

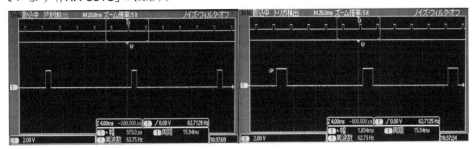

「矩形波」の幅の変化

　しかし、周期についてはどちらであっても問題はありません。
「サーボ」の動きは、矩形波の幅で決まります。

■「サーボ」を動かす、簡単な基本回路

　「サーボ」を動かすためには、上記の波形を電子回路で作ってやればいいわけです。
そこで、この波形を「PICマイコン」(12F629)を使って作ってみます。

　　　　　　　　　　　　　＊

以下に回路図と部品表を示します。

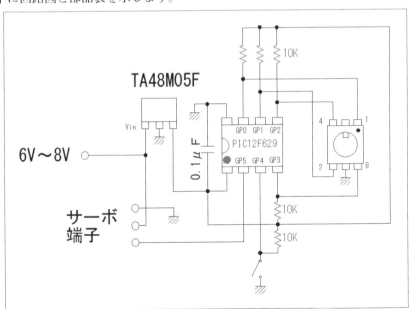

「サーボ」の制御回路

第9章 マイコンで「ラジコンサーボ」を制御

「サーボ」の制御回路の部品表

部品名	型番など	数量	単価(円)	金額(円)	主な購入店舗
CPU	PIC12F629	1	70	70	秋月電子
5Vレギュレータ	TA48M05F	1	50	50	〃
CPUソケット	8Pin	1	10	10	〃
抵抗	10kΩ 1/6W	5	1	5	〃
積層セラミックコンデンサ	0.1μF	1	4	4	〃
DIPロータリースイッチ	0～F（負論理）	1	150	150	〃
スライドスイッチ		1	25	25	〃
サーボ	TG9e（トルク1.5kg）	1	300	300	ホビーショップフジサン
			合計金額	614	

回路基板とサーボ

この回路では、「負論理」の4ビットの「DIPロータリースイッチ」を使っています。
これは、「0～15」までの2進数を、4ビットで設定できます。

DIPロータリースイッチ

これを使って、「0」のときは矩形波の幅を最小(約1m)にし、「15」のときに幅が最大(約2ms)にするように使います。

このスイッチを回すことで、「サーボ」の回転角度を設定するわけです。

＊

「4ビットのスイッチ」ですから、次のような基本スイッチと同じになります。

「サーボ」を動かす、簡単な基本回路

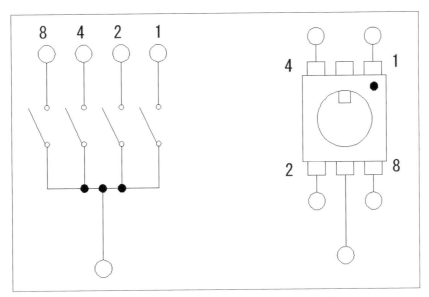

「基本スイッチ」と「DIPロータリースイッチ」の比較

違いは「回転操作」で、「0」から「15」の2進数設定を、連続的に簡単にできる点です。

＊

なお、これは「正論理」の場合の比較図です。

左のスイッチがすべてOFF（開放されている）ときは、「0」という値であり、すべてのスイッチがONになっているときが「15」という値になります。

しかし、この工作で使った「DIPロータリースイッチ」は、「負論理」のものです。

「負論理」のものは、値とスイッチのON状態が逆転します。

つまりすべてONになっているときは「0」、すべてOFFになっているときが「15」となります（その他の値は、ビット反転したようになる）。

先ほどの回路図で分かるように、入力の4ビットは「10kΩ」の抵抗で、「＋」につながっているため、スイッチがOFFのときに「1」、ONになると「0」になるわけです。

そのために、「負論理」の「DIPロータリースイッチ」を使うと都合がいいわけです。

■ マイコンのプログラム

次に、マイコンに書き込むプログラムを示します。

「DIPロータリースイッチ」のポジションに応じた、「矩形波」の幅になるようにプログラムします。

プログラムとしては、かなり短いものですので、理解は容易でしょう。

「ラジコンサーボ」の制御プログラム

```c
#include <12F629.h>
#fuses INTRC_IO,NOWDT,NOPROTECT,NOMCLR,BROWNOUT
#use delay (clock=4000000)
void main(void)
{
  int i,j,sw_data;
  set_tris_a(0x1f);//01,1111  GP5が出力ポート、他は入力に設定
  output_a(0);
  while(1){
    sw_data=input_a() & 0xf;
    if(input(PIN_A4)) output_high(PIN_A5);
    delay_us(600);
    for(i=0;i<sw_data;i++){
      delay_us(90);
    }
    output_low(PIN_A5);
    for(i=0;i<15-sw_data;i++){
      delay_us(90);
    }
    delay_ms(13);
  }
}
```

■ 使い方

回路基板が完成したら、「サーボ」を接続します。

「3端子」の真ん中が「+」なので、どちらの向きでつないでも、「+」「−」の誤接続による回路の破損などはないようになっています。

もちろん、どちらの向きにコネクタを挿してもいいというものではありませんが、うまく動かないときは、逆に挿してみてください。

「サーボ」のメーカーによって3本線の色がバラバラなので、信号線が何色ということは言えませんが、「茶色」「赤」「オレンジ」の場合は、「茶色」が「マイナス」、「オレンジ」が「信号線」である場合が多いようです。

*

「DIPロータリースイッチ」を動かすことで、最大「120度」ぐらいの範囲で回転します。

実際には、「180度」ぐらいまでは回転するようですが、「サーボ」を壊さないように、ギリギリの範囲で使うのは避けたほうがいいでしょう。

プログラムで、「delay_us(90)」の「90」の値を「100」ぐらいまで上げると、「180度」に近いところまで回転します。

■「サーボ」を応用する

「サーボ」の基本的な動かし方が分かれば、後はアイデア次第で、いろいろなものが作れるようになります。

*

作ろうとするものによっては、「サーボ」のトルク選びが必要になってきます。

「小さなサーボ」は、狭い場所にも組み込めますが、それなりのトルクしかありません。

大きな「トルク」を生み出す「サーボ」では、「10kg」を超えるようなものもあります。当然、サイズは大きくなりますし、値段もかなりなものです。

*

みなさん独自のアイデアに最適な「サーボ」を探して、何かを作ることに挑戦してみてください。

第10章 「モータ回転数」コントロール基板

　一般的な「DCブラシ・モータ」の回転数をコントロールするには、モータにかける電圧を変化させる必要があります。
　電圧を可変できる電源器があれば、特別な回路を必要とすることもなく実現できますが、多くの用途では、電源電圧が一定のバッテリの場合が多く、ここに回路を追加するのはあまりいい方法ではありません。
　そこで、非常に安価で簡単な回路で、「モータの回転数」を変化させる方法を解説します。

■ 製作する回路の特徴

　本章で作る回路は、「RS540」タイプの比較的大きな「DCモータ」でもコントロールが可能です。
　また、この回路では、正転と逆転を「トグル・スイッチ」で制御し、「FET」のフルブリッジ回路は使っていないため、かなり安価に作ることができます。

　また、「回転数」の目安として、2桁の数字表示の機能も付いているので、これを指定して回転を始めることができます。

モータ回転数コントロール基板

　回路の製作にかかる費用は、700円程度です。

■ モータの回転数を「VR」(ボリューム)だけを使ってコントロールできるか

　「DC(直流)モータ」の回転数を変える最も簡単な方法は、前述したように、「モータ」に掛ける電圧を変化させることです。
　しかし、この方法では「電圧を変えるための回路」が必要です。

モータの回転数を「VR」(ボリューム)だけを使ってコントロールできるか

筆者が小学生のころ、「模型の自動車」をリモコンで動かす際に「VR」(ボリューム)を付けて、車のスピードをコントロールできないかと、いろいろ考えて試しましたが、ほとんど失敗に終わりました。

試した回路は、次のようなものです。

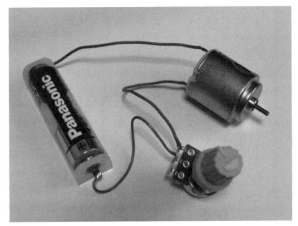

失敗した回路

この回路で、「モータ」の回転数をほとんど変えられません。

その理由は、「VR」の値が、「モータ」の内部抵抗値に比べて、はるかに高いからです。

つまり、「モータ」という抵抗と「VR」という抵抗の直列つなぎと考えると、オームの法則によって、「抵抗値の高いほうに、より高い電圧がかかる」ことになり、電池の電圧のほとんどが「VR」の両端にかかり、「モータの両端には、ほとんど電圧がかからない」という状態になっていた、ということです。

*

では、このような回路で「モータ」の回転数をコントロールするには、「VR」の値をどのようにすればいいでしょうか。

この答は、

> 「モータ」の内部抵抗に近いぐらい、低い抵抗値の「VR」を選択する

ということになります。

ところが、市販の「VR」でこのようなものを探すことは、かなり難しいです(一般的に10Ω程度が最低値)。

なぜならば、その抵抗値は1Ωより、はるかに小さい値だからです。

また、仮にそのような「VR」が見つかったとしても、モータ回転時のワット数が大きいため、「VR」のワット数も大きいものにしなくてはなりません。

そして、もしそのような方法でコントロールしたとしても、「VR」部分でも電力を熱で消費するので、無駄に電力を使ってしまいます。

ですから、先ほどの画像のような回路で「モータ」の回転数を変化させることは、残念ながら諦めなくてはいけません。

第10章 「モータ回転数」コントロール基板

■「モータ」の回転数を、現実的な方法でコントロールするには

これには、「PWM」(パルス・ワイズ・モジュレーション)という方法がよく使われます。

「PWM」を簡単に説明すると、「モータに掛ける電圧」は変化させずに、「掛ける時間」を変化させます。

つまり、モータのONとOFFを高速で繰り返し、ONの時間が長ければ高速で回り、OFFの時間を長くすれば低速で回るという、単純な仕組みです。

*

実際に本章で作る回路を動かして、「VR」を①左に絞った状態、②中間ぐらいの状態、③右にいっぱい近く回したとき——で波形を比較してみます。

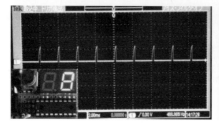
①の状態

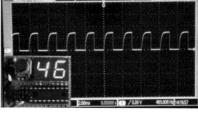
②の状態

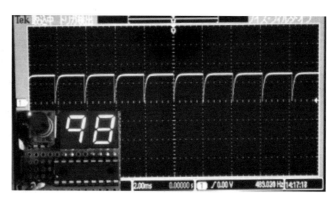
③の状態

低速で回っているときでも、「モータ」以外の部品が電力を熱で消費することがないので、省エネです(バッテリの保ちにも直結します)。

ですから、ロボコンのような大会で「モータ」を使う場合は、必ずと言っていいほど、この方式で制御されています。

*

高速でONとOFFを切り替えるには、「FET」(フィールド・エフェクト・トランジスタ)を使います。

「モータ」を駆動するときは、「FET」の中でも、多くの電流を流せるタイプのものを使います。

例として、大電流タイプで価格も安い東芝のパワーMOS-FET、「2SK2232(60V-25A)」を使ってみました。
　その他にも、少し価格は高いですが、ルネサスの「2SK3140(60V-60A)」などでもOKです。

　いずれも、「N型」と呼ばれる「FET」ですが、その他のタイプとしては、「P型」のものがあります。
　これらの違いなどについて詳しく知りたい方は、専門書を参照してください。
＊
　今回は、この「FET」を1個だけ使います。
　一般的に「モータ」の正転と逆転を「FET」だけで行なおうとするときは、「P型のFET」を2個と「N型のFET」を2個、合計4つの「FET」を使わなくてはなりません。
　これは、単純にコスト増になるため、正転と逆転は「6Pのトグル・スイッチ」で行なうことにします。

　手で操作することにはなりますが、半導体などを使わずに正転や逆転ができるので、マスターしておくと重宝します。

　なお、回路図の記号と実際の端子の対応図は、次の通りです。

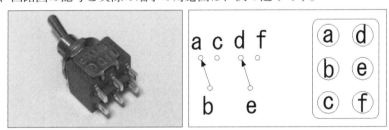

6Pトグル・スイッチ端子の対応図

■ マイコンに「PIC」を使う理由

　本書ではどの工作でもそうですが、マイコンに「PIC」を使っています。
　さまざまな種類のマイコンボードが使われる昨今ですが、あえて「PIC」を使い続けている理由は、次の点からです。

・マイコンチップ自体が安い。
・ラインナップが多く、目的の機能に合わせて選択肢が広い。
・目的の回路を必要最小限の大きさで作ることができる。

　よく使う「PIC」を常にストックしておけば、アイデアがひらめいたときに、すぐに製作作業に取りかかれます。
　また、ロボットのように実装するスペースに制約がある場合も、「PIC」ならば最小限の大きさに作り込むことができます。
　それでもスペースに余裕がないときは、「DIPタイプ」から「SOPタイプ」に変更する

第10章 「モータ回転数」コントロール基板

ことも検討できます。

*

なお、「PIC16系」と「PIC18系」では、「PIC18系」のほうが、書き込みにかかる時間が短くなります(9～15秒程度)。

今回は、「A/Dコンバータ」と、「PWM信号」を「ccp 1」という端子(RB3)から使うので、「ccp (Compare Capture PWM)機能」付きのPICを選びます。

「PIC16系」で、「A/Dコンバータ」「ccp機能」が付くものには、「PIC16F819」などがあります。

「PIC18F1220」のDIPタイプとSOPタイプ

さらに、トランジスタや抵抗に「チップ・タイプ」のものを使えば、非常にコンパクトに回路を作ることができます。

コンパクトな回路

■ 回路図と部品表

回路図と部品表を示します。

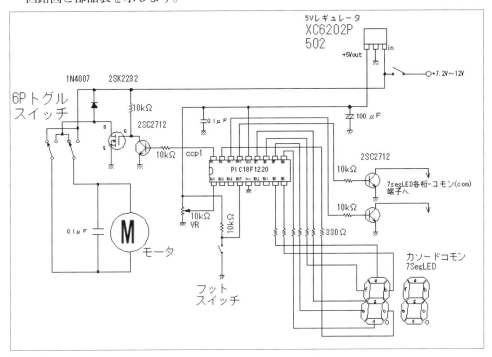

PWMモータ・コントロール回路

「PWMモータ・コントロール回路」の部品表(制御回路部分)

部品名	型番など	必要数	単価(円)	金額(円)	購入店
PICマイコン	PIC18F1220	1	190	190	秋月電子
NPNトランジスタ	2SC2712	3	5	15	〃
高耐圧ダイオード(400V以上)	1N4007など	1	5	5	〃
Nch－FET	2SK2232など	1	100	100	〃
三端子レギュレータ	XC6202P502	1	50	50	〃
18ピンICソケット		1	40	1	〃
電解コンデンサ	100μF25V	1	10	10	〃
積層セラミックコンデンサ	0.1μF	1	5	5	〃
7セグメントLED(カソードコモン)	C-551SRなど	2	50	100	〃
1/6W抵抗	10kΩ	4	1	4	チップ抵抗
1/6W抵抗	330Ω	7	1	7	チップ抵抗
可変抵抗(VR B型)	10kΩ	1	40	40	秋月電子
ボリュームツマミ		1	40	40	〃
トグル・スイッチ(2回路2接点)	125V 3A～6A	1	90	90	〃
DCジャック(2.1mm)	基板用	1	40	40	〃
			合計金額	697	

第10章 「モータ回転数」コントロール基板

「モータ」の回転数をコントロールするための「PWM信号」(ccp1)は、PICの「RB3端子」から出力されます。

「RBポート」は、「7セグメントLED」の各セグメントにつないでいますが、この「RB3ポート」だけは「PWM信号端子」として使うので、数字のセグメントデータは「RB3」を飛ばして、変則的な設定になっています（プログラム中の「seg []」部分でデータを定義）。

電源電圧は、「7.2〜12V」と記載していますが、「モータ」の定格電圧内に収めます。

ただし、「FET」のゲート電圧のMAXは「20V」なので、それ以下で利用してください。

また、「モータ」が大電流タイプの場合（「RS540」タイプの、巻き数の少ないモータ）は、起動時の電圧降下が大きく、電源を共通にするとマイコンが誤動作したり、「FET」のゲートに充分な電圧（「2SK2232」の場合は、4V以上必要）がかからなかったりすることがあるので、そのような場合は、「マイコン用電源」と「モータ用電源」は別々に設定するほうが無難です。

また、上記回路では、負論理の「フット・スイッチ」を踏むと、モータが回転するようにしていますが、このスイッチについては実際の使用状況によって適宜、変更してください。

フット・スイッチ

*

部品表に掲載している部品については、特別なものはありません。

「高耐圧ダイオード」は、「モータ」を「トグル・スイッチ」で逆転させるときなどに発生する「フライバック電圧」を吸収するものなので、「逆耐電圧」が「400V」以上のものを選択してください。

制御プログラム

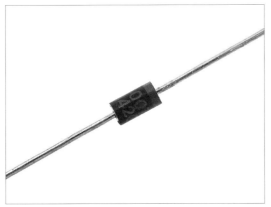

高耐圧ダイオード

「逆耐電圧」が「60V」程度のものでは、「モータ」の回転中にスイッチを切り替えると、すぐにダイオードが破壊されます。
「1N4007」は逆耐電圧が「1000V」なので、これなら問題ありません。

■ 制御プログラム

以下に、マイコンに書き込むプログラムを示します。

コンパイラには「CCS-C」を使っていますが、特別な記述はないので、他のコンパイラでも多少の変更で使えるはずです。

「FET」のゲートの部分には、「NPN」のトランジスタを使っているので、マイコンからの「1」「0」の信号が逆転します。
プログラムでは、それを考慮したものになっています。

例：set_pwm1_duty(1023-v);//PWMデューティ値設定

NPNトランジスタ

また、「PWM」の周波数の設定は、次の記述で設定しています。

```
setup_timer_2(T2_DIV_BY_16,255,1);//PWM周期T=1/8MHz×16×4×(255+1)
                                 //        =2.048ms(488.3Hz)
                                 //デューティーサイクル分解能
                                 //t=1/8MHz×duty×4(duty=0〜1023)
```

今回は、「PIC18F1220」の内部クロックの最大値である「8MHz」を使っていますが、マイコンのクロック設定や、「T2_DIV_BY_16」の部分を変えると、周波数を変更できます。

「PIC18F1220」では、その他の設定として、「T2_DIV_BY_1」「T2_DIV_BY_4」があり、それらを使うと、周波数を上げることができます。
周波数を上げるとどうなるのかは、実際に試してみてください。

「PWMモータ・コントロール」のプログラム

```c
#include <18F1220.h>
#device ADC=10  //アナログ電圧を分解能10bitで読み出す
#fuses NOIESO,NOFCMEN,INTRC_IO,NOBROWNOUT,PUT
#fuses NOWDT
#fuses NODEBUG,NOLVP,NOSTVREN,BORV45
#fuses NOPROTECT,NOCPD,NOCPB,NOMCLR
#fuses NOWRT,NOWRTD,NOWRTB,NOWRTC,NOEBTR,NOEBTRB

#use delay (clock=8000000)
#use fast_io(A)
#use fast_io(B)
long vr_check(void)
{
  long v;
  set_adc_channel(0);  //ADCを読み込むピンを指定
  delay_us(30);
  v = read_adc();  //読み込み

  if(input(PIN_A5)){//フット・スイッチが押されたか？
    set_pwm1_duty(1023-v);//PWMデューティ値設定
  }
  else{
    set_pwm1_duty(1023);//フット・スイッチが押されていないとき
  }
  return v;
}
void insert(int *keta,int n)
{
  keta[1]=n/10;
  keta[0]=n%10;
}
void disp(int *keta)
{
  int i,scan;
  int seg[]={0x77,0x06,0xb3,0x97,0xc6,0xd5,0xf5,0x07,0xf7,0xc7};
  scan=0x40;
  for(i=0;i<2;i++){
    if(i==1 && keta[1]==0) continue;//ゼロサプレス機能
    //7seg表示
    output_a(scan);
    output_b(seg[keta[i]]);
    delay_ms(2);
    scan<<=1;
  }
  output_a(0);
```

```c
    delay_us(500);
}
void main()
{
  static int keta[2];
  static long v=0;
  int n;
  setup_oscillator(OSC_8MHZ);
  setup_adc_ports(sAN0 | VSS_VDD);
  setup_adc(ADC_CLOCK_INTERNAL);
  set_tris_a(0x21);//A0,A5入力,A1～A4,A6,A7出力
  set_tris_b(0x0);
  output_high(PIN_B3);
  delay_ms(500);

  setup_ccp1(CCP_PWM);
  //setup_timer_2(T2_DIV_BY_4,255,1);//PWM周期T=1/8MHz×4×4×(255+1)
  //                      =0.512ms(1.953kHz)
  //デューティーサイクル分解能
  //t=1/8MHz×duty×4(duty=0～1023)
  setup_timer_2(T2_DIV_BY_16,255,1); //PWM周期T=1/8MHz×16×4×(255+1)
  //                      =2.048ms(488.3Hz)
  //デューティーサイクル分解能
  //t=1/8MHz×duty×4(duty=0～1023)
  set_pwm1_duty(1023);

  while(1){
    v=vr_check();
    n=v/10;
    if(n>2) n-=3;
    else    n=0;
    insert(keta,n);
    disp(keta);
  }
}
```

■ 使い方

電源をつなぎ、「VR」を回して「回転数」を設定します（数値は、あくまでも目安）。モータの回転中でも、「VR」によって回転数を変えることができます。

「フット・スイッチ」をつないでいる場合、「フット・スイッチ」を踏めばモータは回転します。

市販の「フット・スイッチ」をつながない場合でも、スイッチは負論理のもの（踏むとOFFになるタイプ）にしてください。

第11章 ブラシレス・モータ

> 「モータ」は、私たちの生活のあらゆるところに使われている、ポピュラーな部品のひとつです。
>
> 100円程度の安価な工作に使うモータは「ブラシ・モータ」で、特に難しい知識は必要とせず、電池をつなげばすぐに回る、最も使いやすいものです。
>
> それに対して、ブラシのない「ブラシレス・モータ」は簡単に回すことができないものの、手軽に作ることができます。
>
> ここでは、この「ブラシレス・モータ」を作ってみましょう。

■ 製作コスト

「ブラシレス・モータ」の製作コストは500円程度で、部品も入手しやすいものばかりです。

ブラシレス・モータ

■「ブラシ・モータ」と「ブラシレス・モータ」の違い

最初に、「ブラシ・モータ」と「ブラシレス・モータ」の違いについて、簡単に説明します。

＊

それぞれの最も大きな違いは、回転する「ロータ」と呼ばれる部品が「コイル」になっているか、「磁石」になっているかということです。

模型用に使われている、代表的な「ブラシ・モータ」では、コイルに流れる電流の「＋」と「－」をブラシで切り替えて、回転が持続するようになっています。

ですから、「ブラシ・モータ」を回すためには、特別な回路などは必要なく、適正な電圧で2本の線に電流を流せば回転します。

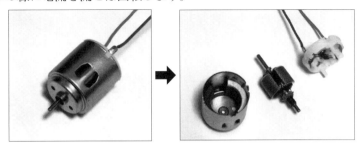

「ブラシ・モータ」を分解したところ

ところが、「ブラシレス・モータ」では回転するのは「磁石」であり、回転を連続させるためには、固定されている「コイル」の極性を磁石の極の位置によってタイミングよく切り替えてやる必要があります。

ですから、単に、モータ端子に電気を流しても、回転させることはできません。

「ブラシレス・モータ」を分解したところ

回転させるには、内部の「磁気センサ」（ホール・センサ）によって、「ロータ」の「極」（S極、N極）を正しく判断して、それに応じて「コイル」に適切な電力を供給するための回路が必要になります。

そのため、「ブラシ・モータ」に比べると格段に扱いにくいモータということになります。

しかし、「ブラシがない」という点で長寿命であり、「ブラシ」と「コミュータ」（ロータの電極部）の接触で発生する「火花」や「ノイズ」も発生しません。

また、「ロータ」を見れば一目瞭然ですが、「ロータ」が「コイル」である「ブラシ・モータ」に比べて、回転部分の径が小さく「回転モーメント」も小さくなります。

「回転モーメント」が小さいということは、「回しやすく、止めやすい」ということです。

＊

さらに、「ロータ」に「コイル」を巻く「ブラシ・モータ」では、その性質上、どうしても、「ロータ」の「ウエイト・バランス」が崩れ、バランスをとるために、「ロータ」その

第11章　ブラシレス・モータ

ものにドリルで窪(くぼ)みを入れたりしますが、「ブラシレス・モータ」ではその必要もありません。

センサ付き「ブラシレス・モータ」

また、「ブラシレス・モータ」の「ロータ」に使われている「磁石」は、次の図のように一般的な「円柱磁石」とは違った磁化が施されています。

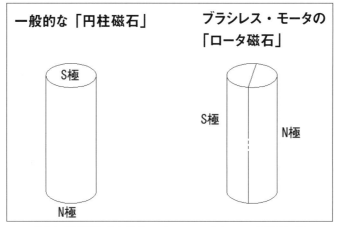

一般的な「円柱磁石」と「ブラシレス・モータ」のロータ磁石の違い

さらに特徴としては、「ロータ」である磁石の「S極」と「N極」の位置によって、「コイル」に流す電気の「＋」と「－」をタイミングよく切り替えてやるために、「ホールIC」という「磁気センサ」を取り付けてあります。

この「センサ」からの信号を頼りに、電子回路を組んで「＋」と「－」を切り替えます。

＊

現在模型用に売られている「ブラシレス・モータ」では、「コイル」が3相（3つ）、「センサ」も3つのものが多いのですが、これを作るのは簡単ではありません。

そこで今回は、「コイル」も「センサ」も1つだけの「ブラシレス・モータ」を作り、それを制御する回路を作ってみます。

「制御回路」が必要になりますが、「ブラシ・モータ」に比べてメカ部分の構成が簡単になり、容易に作ることができます。

また、これでも「正転」「逆転」を実現できます。

■ 単相「ブラシレス・モータ」を作る

製作する、単相「ブラシレス・モータ」は次の図のようなものです。

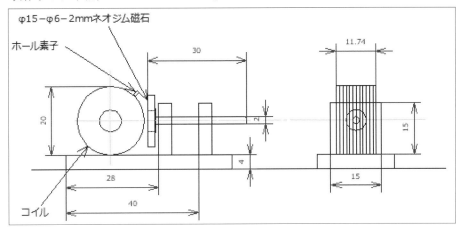

単相「ブラシレス・モータ」の設計図

モータ回転軸の「ロータ」は、「直径φ15mm、内径φ6mm、厚さ2mm」の「ネオジム磁石」で、それに「2mmのシャフト」を取り付けています。

また「コイル」は、その「ネオジム磁石」の至近位置に接着剤で固定しているだけです。「センサ」の「ホール素子」も、その「コイル」に接着固定しています。

●「コイル」の製作

「コイル」は、「ダイソー」で売っているミシン用の「ボビン」を使います。9個入りで100円です。

ダイソーのミシン用ボビン

この「ボビン」に、「0.23～0.3mm」程度の太さをもつ「ポリウレタン線」を巻いて、コイルを作ります。

なお、「0.23～0.3mm」の間には、「0.26mm」や「0.29mm」などのものがあり、わずかな違いのように思えますが、似て非なるものです。

第11章　ブラシレス・モータ

ボビンに目いっぱい巻いたときの巻き数は、おおよそ次の表のようになります。

巻線径	巻数	線の長さ(m)	抵抗値(Ω)
0.30	532	23.2	5.5
0.29	580	25.5	6.5
0.26	726	31.7	10.0
0.23	925	40.5	16.4

これを見て分かるように、「コイル」の抵抗値はかなり違ったものになるので、使う電圧によって、何mmの「ポリウレタン線」を巻くかを決めます。

たとえば、「0.26mm線」の場合は、「5V」の電圧をかけて流れる電流は「0.5A」ということになります。

コイルにする「ポリウレタン線」が細く、あまり多くの電流を流そうとすると発熱が多くなるため、「0.5A」程度に抑えたほうがいいでしょう。

「ホール素子」や「FET」を使う関係上、最低電圧は、「4.5V」以上(乾電池3本～)必要です。

電圧の上限は、「18V」以下なら問題はありません。

＊

このボビンに「ポリウレタン線」を巻いていくわけですが、ボビンを手に持って巻くのは難しいので、写真のように割り箸などに通して巻いてください。

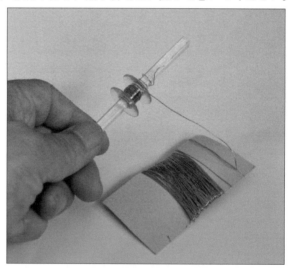

割りばしに通してコイルを巻く

用意する「ポリウレタン線」の長さは、「太さ」によって変わるので、先述した表を参考にしてください。

表の値はきれいに隙間なく巻いた場合の理論値であるため、実際には表の値ほどは巻けません。

そのため、用意する長さは、多少少なめでもOKです。

また、「巻き数」はそれほどシビアではなく、「ボビン」からハミ出さない程度に巻けば、おおよその回数でかまいません。

*

ボビンの直径まで巻いたら、コイルの外側に「2液性のエポキシ接着剤」を薄く塗って、固めます。

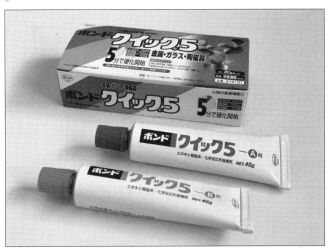

2液性のエポキシ接着剤

そして、コイルの線の両端に、「コネクタ」を付けます。

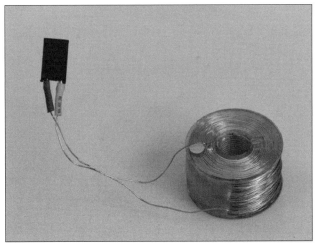

完成したコイル

第11章　ブラシレス・モータ

> **Column** コイル巻き機
>
> 筆者は「コイル」をよく作るので、次の画像のような「オリジナルのコイル巻き機」を使っています。
>
>
>
> コイル巻き機

■「ロータ」の製作

モータの回転部分の「ロータ」は、直径φ15mm、内径φ6mm、厚さ2mmの「ネオジム磁石」に、2mm(または3mm)の「シャフト」を通しただけの簡単なものです。

この工作で使う「ネオジム磁石」は少し変わったもので、「N極」「S極」が直径方向になったものです。

このタイプでないと、モータの「ロータ」として使うことはできません。

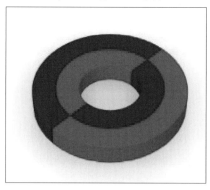

磁石の磁化方向のイメージ（マグファインのホームページより）

1個の購入時単価は約160円で、以下のサイトで入手できます。

＜マグファインのホームページ＞
https://www.magfine.co.jp/magnetjapan/

これらを次の画像のように構成して、「ロータ」を作ります(詳細は図面参照)。

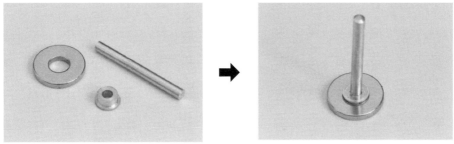

ロータのパーツ　　　　　　　　ロータ完成

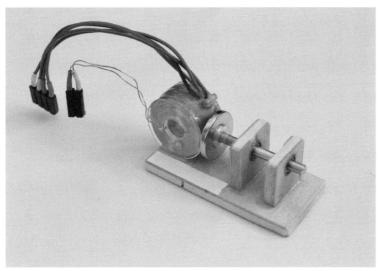

コイルとロータの位置関係

　「ロータ軸」の固定には、「ボール・ベアリング」を2個使います。
　ただし「ボール・ベアリング」は高価なので、実験レベルでは単にシャフト径よりわずかに大きめの穴(緩めの穴)を開けただけの軸受でも問題ないでしょう。

駆動回路

次に、回路図と部品表を示します。

電子パーツだけで構成しているので、マイコンのようなものは使わず、プログラムの書き込みも必要ありません。

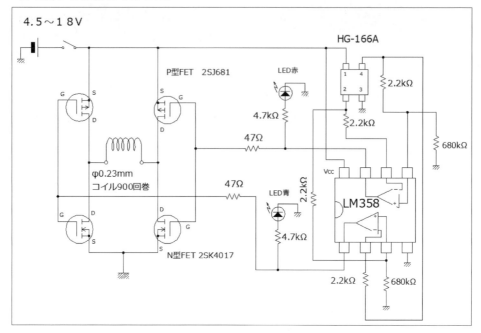

「単相ブラシレス・モータ」の回路図

「単相ブラシレス・モータ」の部品表

部品名	型番など	必要数	単価(円)	金額(円)	購入店
N型FET	2SK4017	2	30	60	秋月電子
P型FET	2SJ681	2	40	80	〃
オペアンプ(DIPタイプ)	LM358N	1	20	20	〃
ホール素子	HG-166A	1	20	20	〃
2.2kΩ抵抗		4	1	4	〃
4.7kΩ抵抗		2	1	2	〃
680kΩ抵抗		2	1	2	〃
47Ω抵抗		2	1	2	〃
高輝度青色LED	φ3mm	1	20	20	〃
高輝度赤色LED	φ3mm	1	20	20	〃
単3電池BOX	3本用	1	60	60	〃
単3電池アルカリ電池		3	25	75	〃
コイルボビン	ポリカーボネート製	1	11	11	ダイソー
0.23mm ポリウレタン線		44m	1.3	57.2	電線ストア
ネオジム磁石(直径方向磁化)	外形15mm 内径6mm 厚さ2mm	1	83	83	マグファイン
合計金額				516	

※「ポリウレタン線」の単価は、1kg巻きの価格から割り出したもの。

回路は、基本的なFETによる「フルブリッジ回路」です。
　この回路によって、「ホール素子」(HG-166A)が磁石の「N極」「S極」を検知したときに、コイルに流す電流の「＋」と「－」を切り替えてやるというものです。
　「HG-166A」は極めて小さいため、本体から4本の線を引き出すのが少し大変かもしれません。
　1.27mmピッチの基板にはんだ付けして、そこから線を引き出すといいでしょう。

　端子の番号は、次の図を参考にしてください。
　また、「ホール素子」の実際の取り付け位置は、回路図を参考にしてください。
「ホール素子」の面部分が、「ネオジム磁石」を向くように接着固定します。

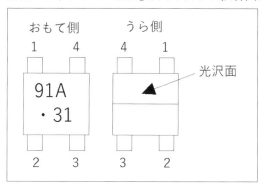

「ホール素子」の端子番号

■「正転」と「逆転」の切り替え

モータの「正転」と「逆転」の切り替えの方法は、大きく分けて2つの方法があります。
＊
1つは、「6Pのスイッチで、コイルの端子を切り替える方法」です。
回路図は次のようになります。

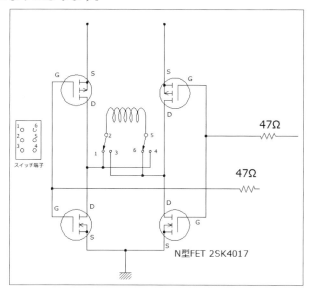

「正転」と「逆転」のスイッチ回路図①

これは、オペアンプからの出力信号を、FETのゲートに入る部分で切り替えても同じです。

ただし、「6Pの接点容量」からすれば、FETのゲートに入る部分で切り替えたほうが、少ない接点容量のスイッチですみます。

＊

もう1つは、「**ロジックICを使う方法**」です。

「FETのゲート」に入る信号を、「ロジックIC」によって、切り替えます。

この方法ならば、切り替えに使うスイッチは、「2P」のものでOKですし、マイコンと組み合わせる場合も、マイコンのポートから「正転」と「逆転」のコントロールが簡単にできます。

回路図は次のようになります。

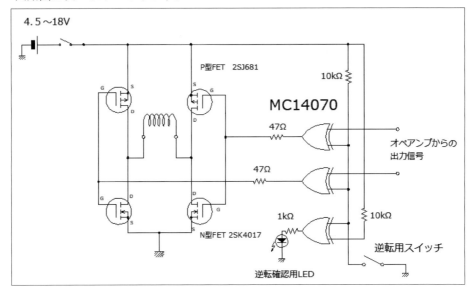

「正転」と「逆転」のスイッチ回路図②

利用する「ロジックIC」は、「EX-OR」（排他的論理和）です。

「この回路で、なぜ逆転できるのか？」と疑問に思うかもしれませんが、真理値表を書いてみると、簡単に分かります。

また、「CMOSタイプのロジックIC」を使っているのは、使用電圧範囲が広いためです。

この方法で「逆転」させたい場合は、あらかじめ同じ基板内に「ロジックIC」も配置したほうがいいでしょう。

「ロータ」の「磁石」がコイルに近いほど、強力に回転するので、そのような位置になるように工夫してみてください。

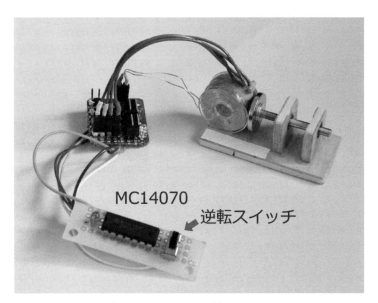

「ロジックIC」による逆転スイッチ

　「ロータ」の「磁石」がホール素子から離れて回転が止まると、コイルへの電力供給も止まります。
　この性質を利用した、うまい使い方があるかもしれません。

附録 MC型リニアモータカー

以前に出版した「自分で作るリニアモータカー」（工学社）では、浮上はしないものの、軌道上にコイルを並べ、それを制御する方法で走らせる実際の「リニアモータカー」に近いものをを製作しました。

現在、軌道上にコイルを並べる仕組みとは逆に、軌道上に磁石を並べる方式の「リニアモータカー」を製作しているので、その作り方の一部を紹介します。

軌道上にコイルを並べる仕組みと比べて簡単に作ることができ、制御回路においてもマイコンを使っていないので、プログラミングの必要もありません。

■「ムービング・マグネット」と「ムービング・コイル」

現在では、アンティーク製品のひとつとなったものに、「レコードプレーヤー」があります。

最近のブームもあって、姿を消した「レコード・プレーヤー」も、再び購入することができるようになりました。

レコード・プレーヤー

この「レコード・プレーヤー」には、レコード盤に刻まれた音の情報を読み取るための「カートリッジ」という部分があります。

「カートリッジ」には「針」が付いていて、「針」がレコード盤に刻まれた「ギザギザ」に触れて振動し、この振動を「電気信号」に変えて増幅して音楽を聴く、という仕組みです。

まさに、アナログな世界です。

「ムービング・マグネット」と「ムービング・コイル」

　このとき「針」に直結しているのが、①「磁石」の場合と、②「コイル」の場合の2通りありました。

　多くは「磁石」で、これを「MM」（ムービング・マグネット）と呼び、「コイル」の場合は「MC」（ムービング・コイル）と呼んでいました。

　それぞれ、「針」の振動（ムーブ）が何に伝えられたかによって、2つの方式があったわけです。

　そして、「いや、やっぱりMCカートリッジの音は繊細でいいよね！」などと、音の入口のパーツの違いを楽しんでいたものです。

＊

　レトロな「カートリッジ」の話はこれぐらいにして、「リニアモータカー」の話に戻しましょう。

　実は、「リニアモータカー」においても、まさにこの「カートリッジ」の2つの方式の違いが考えられるということです。

　「リニアモータカー」の場合は、次のように区別されます。

①「軌道側」に「コイル」があって、「列車側」に「マグネット」がある場合、列車が動く部分になるため、「MM（ムービング・マグネット）型」となる。

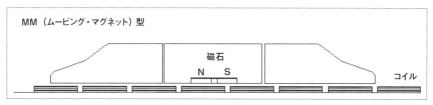

「MM型」の仕組み

②「軌道側」に「磁石」があって、「列車側」に「コイル」がある場合は、動く列車に「コイル」があるので、「MC（ムービング・コイル）型」となる。

「MC型」の仕組み

　①の方式（実際の「リニアモータカー」に近い方式）の大きな利点としては、軌道をコントロールして列車を走らせるため、列車側に運転手は必要ありません。

　また、基本的に、列車に大電力を供給する必要もありません。

　ただ、模型などで作る場合でも、軌道上にたくさんの「コイル」を並べていく必要があるため、製作には時間とコストがかかります。

MC型リニアモータカー

　それに対して、②の方式の大きな利点は、軌道に「磁石」を並べていく方式なので、長い軌道を作ることが極めて容易です。
　また、多くの磁石を使う場合でも、「100円ショップ」で売っている安価な「磁石」が使えます。

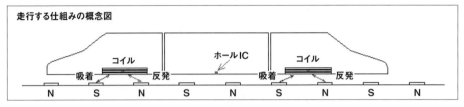

「MC型」の走行

　欠点としては、「コントロールする回路」は列車側に必要となるため、模型の場合は、列車側に「バッテリ」が必要になり、「走行のON/OFF」も列車に手を伸ばして行なわなくてはなりません。

　また、模型としては、あまり問題にはならないかもしれませんが、軌道側に「磁石」があると言うのは、現実ではあり得ません。
　なぜなら、軌道に強力な磁石などを配置しては、作業員が軌道内に工具など磁性体であるものを持ち込めないばかりか、一切の鉄製品を身に付けて作業することができないからです。

　それに、付近にある「磁性体」（鉄くずなど）も、磁石にくっついて、それを取り除く作業が、軌道全体に渡って必要になります。
　そのようなメンテ作業が、現実にできるはずもありません。
　ですから、現実の「リニアモータカー」では、この方式をとることはできないのです。

　ただ、模型の場合ならば、そのような心配も特にないので、「製作のしやすさ」ということで、「MC型」で作るのは現実的な選択でしょう。

＊

　次の表に、「MM型」と「MC型」の違いを示します。

	MM（ムービング・マグネット）型	MC（ムービング・コイル）型
列車側	ネオジム磁石	コイル
軌道側	コイル	ネオジム磁石
制御回路	軌道側	列車側
多用するパーツ	コイル	ネオジム磁石
制御回路の難易度	難しい	簡単
マイコン制御	必要	不要
センサ	フォトリフレクタ	ホールIC（ホール素子）
長い軌道の作成	困難	簡単
長い軌道の作成にかかる費用	多い	少ない
電源	軌道側に供給	列車側
列車のスタート	遠隔制御が可能	列車側を手動で
現実のリニアモータカー	○	×

■ 車両重量

「リニアモータカー」の模型を作る上で重要なポイントになってくるのが、走行させようとする車両の「全重量」です。

「MM型」の場合は、「MC型」のように、「バッテリ」「コイル」「制御基板」などがないので、軽く作ろうとした場合でも、それほど苦労はありません。
しかし、「MC型」の場合はそれらが必須になるので、できるだけ軽量になるようなものを選択していく必要があります。

もちろん「車両本体」もです。
この製作で利用する、ダイソー製の「100円列車シリーズ」も、40g〜50gと幅があります。
「車両」は好みもあるので、軽いものを必ずしも選べないかもしれませんが、「全体の重量」に占める「車両」の割合は「50%」もあるので、できる限り小さくすることを忘れないでください。

*

なぜ、こんなに「軽く」ということにこだわるのかというと、その理由は単純で、「重いと、動きにくいから」です。

走り出してしまえば、問題はないのですが、走り出さないほど重くては困ります。
また、走り出すことは問題なかったとしても、軽いほうが、当然ながら「加速力」は大きくなります。

「MC型リニアモータカー」では、「車両」の重量が「50g」前後であることを考慮し、「車両全体」の重さが「100g前後」になることを目標に作ることにします。
これは、かなり高いハードルです。
すでに「車両」だけで、「50g」ぐらいになっているわけですから、他の部品の重量と「台車」の合計が、「50g程度」でなければいけないからです。

●バッテリ

「バッテリ」の重量は、「コイル」と並んで、削りたくても削るのが難しいパーツです。
「MC型リニアモータカー」の設計では、「7.2V」程度は必要になるため、比較的入手がしやすい「Ni-MH」（ニッケル水素）、または「アルカリ電池の単4型」を使うことを検討してみました。
大きさとしては、車両の中に入れることが充分に可能なサイズです。

そこで、各重量を測ってみたのが、次の表です。

附録　MC型リニアモータカー

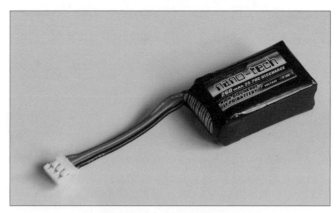

リチウム・ポリマー電池(7.4V)

「7.2V電圧」を得るためのバッテリ構成

	電圧(Max)V	重量(g)	必要本数	直列電圧(V)	トータル重量(g)	充電	必要本数の価格
Ni-MH	1.30	13.0	6	7.8	78.0	○	1,300
アルカリ電池	1.60	11.3	5	8.0	56.5	×	150
マンガン電池	1.60	8.5	5	8.0	42.5	×	100
リチウム電池	1.80	7.6	4	7.2	30.4	×	700
秋月CR-2リチウム電池※	3.28	10.4	2	6.56	20.8	×	280
Li-Po電池※	8.12	15.0	1	8.12	15.0	○	1,100

※は単4タイプでないもの

　「Li-Po（リチウム・ポリマー）電池」以外で重量が有利なのは、秋月電子通商が1個140円で販売している「CR-2」というリチウム電池です。

　ただ、電圧が「3Vちょっと」なので、2個直列で得られる電圧は「6.5V程度」と、少し低めです。

秋月電子通商で販売しているリチウム電池(CR-2)

次に有利なのが、「単4タイプのリチウム電池」ですが、「7.2V」の電圧を得るのに重量が「30.4g」も必要です。

価格は、パナソニック製の4本入りで700円ぐらいです。

パナソニックの「単4型リチウム電池」

＊

これよりももっと軽いものはないかと探したところ、充電して繰り返し使える、「リチウム・ポリマー電池」を見つけました。

ラジコンショップの一部でしか扱っていないような少々特殊なもので、価格も1個で1100円もします。

しかし、重量は「15.0g」と、「単4リチウム電池」の半分です。

ここで「15g」の減量になるのは、かなり有利です。

「単4タイプのリチウム電池」を使った場合の全体重量を「115g程度」とすると、「13%」もの減量になるからです。

ただ、このバッテリは、基本的に通販で入手することになります。充電のための「バッテリ・チャージャ」も必要になるでしょう。

また、誤ってショート(短絡)したりすると、発火や爆発の危険もあるので、取り扱いには注意が必要になります。

＊

以上のように、「バッテリ」の選択については、「価格」や「重量」などを総合的に検討して、判断してください。

※「リチウム・ポリマー電池」の充電には、専用の充電器が別途必要になります。また、その特徴などを充分熟知した上で使うことが重要です。
　特に小中学生は、保護者の方と一緒に使うようにしてください。

●コイル

「コイル」は自分で作るので、重さの設定はいかようにもできます。

しかし、何グラム程度の大きさの「コイル」が最適なのかは、まったく分かりません。とにかく、「リニアモータカーが動くサイズ」としか言いようがありません。

もっと言えば、軌道に敷き詰める「磁石」の強さなどに密接に関係してきます。
とは言え、やる前に計算で求めるといったこもできないので、これまでの経験値から設定することにします。

コイル作成の詳細は省略しますが、1個で「14g前後」のものにする、ということだけ述べておきます。

●制御基板

「制御基板」は回路が決まっているため、重さの削りようがないと思えますが、そんなことはありません。

たとえば、部品を実装していく基板(ユニバーサル基板)も、厚いものと薄いものがあります。
一般的な基板の厚さは「1.6mm」ぐらいですが、「0.4mm」というハサミでも切れるような薄い基板もあります。
使う基板の面積はさほどでもありませんが、ものによってはかなりの重さの違いになります。

ユニバーサル基板

また、C-MOSの「ロジックIC」には、「DIPタイプ」と「SOPタイプ」の2種類があります。
「MC型リニアモータカー」では2つ使いますが、重量の差は2個で「1.2g程度」あります。

DIPタイプ(左)とSOPタイプ(右)の「C-MOSロジックIC」

ただ、「SOPタイプ」の端子のピッチは「1.27mm」と小さく、それに対応する「ユニバーサル基板」を使っても、ハンダ付けには相当の腕が必要です。

そのため、初心者の方であれば「DIPタイプ」を使うことをお勧めします。

「MC型リニアモータカー」の製作を試す際に、専用の回路基板を作ってみましたが、作りやすさを優先して「DIPタイプ」のICを使っています。

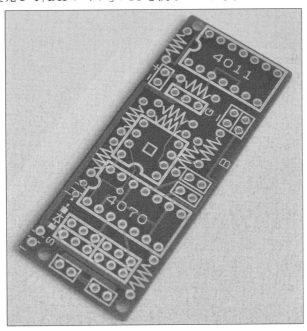

専用プリント基板(59mm×23.5mm)

●台車

「台車」は、「MM型」でも必要なものですが、これもなるべく軽量にする必要があります。

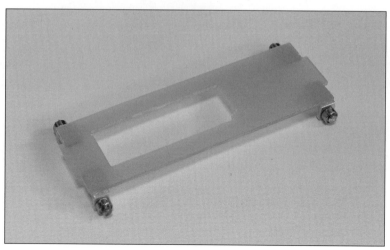

台車

「台車」を構成している主なものは、ベース板になる比重が軽く強度のある「FRP板」と、「ベールベアリング」が4つ、それとベースをつなぐ「Lアングル」です。

ベースは、基板を入れる部分をくり抜いてあります(これも軽量化になります)。
ただし、軽量化を目指すあまり、強度不足にならないように注意が必要です。

また、「ベアリング」は小さいほうが軽いので、「外径5mm、内径2mm、幅2.5mm」のものを使うことにしました。

*

ここで、ベース板の材料に「アルミ板」を使えるかということは、だいたいの人が考えることではないでしょうか。

しかし、「MC型リニアモータカー」の製作には「アルミ板」は適しません。
比重が「FRP」より大きいから不利ということもありますが、それよりも決定的な理由が、「レールに敷き詰めた磁石から受ける磁力の影響」です。

「アルミは非磁性体だから、関係ない」と思っている方も多いと思います。
そう思った方は、購入した「ネオジム磁石」をアルミ板の上に置いて、板を傾けてみてください。
本来ならば、"スッ"と落ちていくはずなのに、何やらゆっくりと落ちていくのが確認できるはずです。これが最大の理由です。

このようなことが起こるのは、「ネオジム磁石」の強力な磁力によって、アルミ板上に「渦電流」が発生し、アルミ板自体が「磁石」になり、「ネオジム磁石」の移動を妨げるような力が働くためです。

「台車」のベース板はある程度、軌道上の磁石からは離れているので、それほど多くの磁力を受けることはないかもしれませんが、磁力が強くなると無視できなくなります。

このことは、頭に入れておいたほうがいいでしょう。

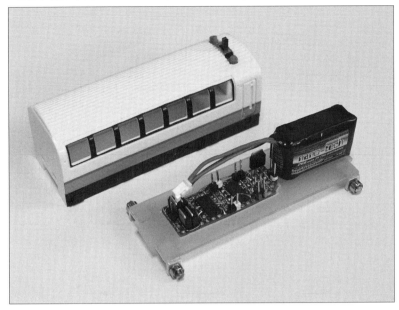

「台車」に、「基板」と「バッテリ」を実装

＊

以上によって、全体の重量は次の表のようになりました。

「MC型リニアモータカー」の重量表

部品名	重さ(g)
車両(3両)	40.0
バッテリ	15.0
コイル(2個)	24.3
回路基板	6.4
台車	7.7
その他	5.4
合計	98.8

「100g」を切る重量を目指したので、目標達成です。

「100g」の根拠は、以前の「MM型リニアモータカー」で使った「プラレールの車両」の大きさと、「MC型リニアモータカー」の製作で使っている「ダイソーの車両」の大きさの比率から割り出した、おおよその重さです。

ただ、「100g以上だと走行しない」というわけではないので、可能な限り軽くすることを試みてください。

※「MC型リニアモータカー」全文の所在は、サポートページに掲載します。

索 引

50音順

《あ行》

- **あ** アノードコモン························103
  - 雨降り警報器の回路図··············65
- **う** 打ち抜き用ポンチ····················99
- **え** 円柱磁石·····························138
- **お** 音声合成LSI······················61,82
  - 音声時計の回路図···················84
  - 音声時計のケース···················91

《か行》

- **か** 回転トルク··························120
  - 外部発信子···························35
  - カソードコモン·····················103
  - 感圧センサ·······················50,57
  - 感雨センサ・モジュール············60
- **き** キッチン・タイマーの回路·········41
  - 逆転·································145
- **く** クリスタル······················35,54,85
- **こ** コイルの製作························139
  - 高耐圧ダイオード···················132

《さ行》

- **さ** サーボ································119
  - サーボの応用························125
  - サーボの制御信号···················120
  - サーボを動かす回路·················121
- **し** 磁気センサ··························137
  - 車両重量·····························151
  - 順次ソフト命令·······················33
  - シリアル通信·························62
  - シンクロ端子························110
- **す** スライド・ボリューム··············112
- **せ** 正転·································145
- **そ** ソフトタッチ・スイッチ············53

《た行》

- **た** ダイナミック表示················30,114
  - タイマー割り込み····················31
  - タクト・スイッチ····················53
- **ち** チェアクッション····················57
  - チェアクッション・タイマーの回路図······52
  - 直流電源器··························112
- **て** デジタル電圧計の回路図···········114
  - 電子サイコロの回路図···············29
- **と** 銅箔粘着テープ·······················96
  - トグル・スイッチ···················126

《は行》

- **は** バー・グラフ·······················112
  - 発生文字列の設定····················81
  - パラレル通信························62
  - パルス・ワイズ・モジュレーション······128
  - パワーグリッド基板··················42
  - パワーリレー························111
  - 半固定抵抗······················30,112
- **ふ** フィールド・エフェクト・トランジスタ······128
  - プッシュ・スイッチ··················30

	フット・スイッチ……………………………… 132
	ブラシ・モータ………………………………… 136
	ブラシレス・モータ…………………………… 136
	ブラシレス・モータの回路図………………… 144
	フリップフロップ IC……………………………53
	プログラマブル・タイマーの回路図………… 102
	プログラマブル・タイマーのケース………… 105
ほ	ホール・センサ………………………………… 137
	ボール・ベアリング…………………………… 143
	ポリウレタン線………………………………… 139
	ボリューム…………………………………31,126

《ま行》

ま	マグファインのホームページ………………… 142
む	ムービング・コイル…………………………… 148
	ムービング・マグネット……………………… 148
も	モータ・コントロール回路の回路図………… 131

《ら行》

り	リチウム・ポリマー………………………58,152
	リニアモーターカーの原理…………………… 149
	リモコンの反応が悪くなる理由…………………95
	両面ユニバーサル基板………………………… 104
	リレー………………………………………………51
れ	レゾネータ……………………………………… 115
ろ	ロータ磁石……………………………………… 138
	ロータの製作…………………………………… 142
	ロジック I IC…………………………………… 146

《わ行》

わ	割り込み………………………………………… 107
	割り込み関数…………………………………… 109

アルファベット順

《A》

AC100V 機器…………………………………… 111
ATMEGA328P………………………………………61
ATP3011 シリーズ…………………………61,82
ATP3012F5…………………………………………61
ATP3012 シリーズ…………………………61,82

《C》

C 言語の文字列……………………………………89

《D》

DC モータ……………………………………… 126
DIP タイプ…………………………………37,154
DIP ロータリースイッチ……………………… 122

《F》

FET………………………………………………… 128

《I》

IRLML2246…………………………………………53

《L》

LM3914N………………………………………… 113
LM393………………………………………………60

《M》

MC14013……………………………………………53
MC 型…………………………………………… 149
MM 型…………………………………………… 149
MM 型と MC 型の違い………………………… 150
MPLAB 8.63………………………………………45
MPLAB X…………………………………………67
MPLAB X のコンパイル…………………………76
MPLAB X のソースファイル……………………73

《N》

NPN トランジスタ……………………………… 133

《P》

PIC…………………………………………………25
PIC12F675…………………………………………28
PIC16F1823……………………………………61,64
PIC16F676…………………………………………25
PIC16F785…………………………………………35
PIC16F819……………………………………54,130
PIC16 系………………………………………… 130
PIC18F1220………………………………………54
PIC18F2221………………………………………83
PIC18F2420………………………………103,115
PIC18 系………………………………………… 130
PICkit3………………………………………37,67
PWM……………………………………………… 128

《R》

RS540…………………………………………… 126

《S》

SOP タイプ…………………………………37,154
SPI 通信……………………………………61,82
SR406………………………………………………50

《V》

VR………………………………………………… 126

数値

12F629…………………………………………… 121
1N4007…………………………………………… 133
2SA1162………………………………………… 115
2SC2712………………………………………… 115
2SK2232………………………………………… 129
2SK3140………………………………………… 129
74HC148………………………………………… 103
74HC154………………………………………… 113
7 セグメント LED……………………… 38,103,112

[著者略歴]

神田　民太郎（かんだ・みんたろう）

1960年5月生まれ　宮城県出身
1983年　職業訓練大学校卒業
その後、コンピュータのプログラミング教育に長く携わり、現在に至る。

1994年ごろから、「相撲ロボット」の製作を長く続ける中で、オリジナルの電子工作作品を手掛けるようになり、世の中にあまり出回っていない「モノづくり」を行なっている。

【主な著書】

やさしい電子工作
「電磁石」のつくり方 [徹底研究]
やさしいロボット工作
ソーラー発電LEDではじめる電子工作
自分で作るリニアモーターカー　　　（以上、工学社）

質問に関して

本書の内容に関するご質問は、
① 返信用の切手を同封した手紙
② 往復はがき
③ FAX(03)5269-6031
　（ご自宅のFAX番号を明記してください）
④ E-mail　editors@kohgakusha.co.jp

のいずれかで、工学社編集部あてにお願いします。
なお、電話によるお問い合わせはご遠慮ください。

サポートページは下記にあります。

[工学社サイト]
http://www.kohgakusha.co.jp/

I/O BOOKS

たのしい電子工作

平成29年7月25日　初版発行　© 2017

著　者　神田　民太郎
編　集　I/O編集部
発行人　星　正明
発行所　株式会社 工学社
〒160-0004 東京都新宿区四谷 4-28-20 2F
電話　(03)5269-2041 (代) [営業]
　　　(03)5269-6041 (代) [編集]
振替口座　00150-6-22510

※定価はカバーに表示してあります。

[印刷] シナノ印刷(株)

ISBN978-4-7775-2020-6